和える―aeru―

伝統産業を子どもにつなぐ25歳女性起業家

プロローグ

「職人さんたちにお金が払えないなんて、どうしよう……」

二〇一二年一二月、起業して二年目の冬。最悪の状況に陥っていました。資金が底をついてしまったのです。

私が大学四年生だった二〇一一年三月、子どもたちに日本の伝統をつなぐために立ち上げた「株式会社　和える」。

現代の感性にあったデザインや、機能性を追求しながら、伝統産業品で育児用品を作るという、それまで誰もやっていなかった新しい市場の開拓を始めて間もなくの出来事でした。

その頃、「和える」の取り組みは、少しずつ世の中で注目され始め、メディアで取り上げられることも徐々に多くなっていました。けれど、商品の売り上げは、まだ思うように伸びていなかったのです。

「好きなことを仕事にしたんだから、自分が食べられないのはしかたない。けれど、『和える』にかかわってくれている人たちが食べられなくなる状況だけは、絶対にあってはいけない。それなのに、こんなことになるなんて……」

このままだと、会社はつぶれてしまう。

私は危機感を募らせ、必死で資金の工面に走りました。さらに間の悪いことに、こんな切羽詰まった状況だというのに、大学院の修士論文の締切日も迫っていたのです。

会社をなんとか存続させようとしながら、修士論文を書き上げるという過酷な日々……。

二〇一三年のお正月は、そんな厳しい幕開けとなりました。

どうやっても次のお金が入ってくるのは一カ月先。すぐ職人さんに支払うことができません。

私は覚悟を決め、職人さんに電話をしました。

「もしもし、矢島です。あの……、実は、今月お金がなくて、どうしてもお支払いできなくなってしまったんです。必ず来月はお支払いしますから……待っていただけますか？」

私は、お金に関して人に迷惑をかけたくないという想いが強く、誰にも相談せず、一人で抱え込んでしまいます。それまでは、なんとかうまくやっていました。けれど、ついに限界が来たのです。

このとき、私の中で経営者としての意識が変わりました。そして、

「もう二度と、お金がないから支払えないなんて状況にならないように、しっかり経営をしていこう」

そう強く決意したのです。

「21世紀の子どもたちに日本の伝統をつなぐ」この想いから「株式会社 和える」は誕生した。

もくじ

第二章　大学時代に「和える」を立ち上げるまで

第三章　「和える」最大の危機

第四章　常識はずれの「和える」のやり方

第五章　「和える」流二一世紀の経営スタイル

編集協力　梅木里佳（チア・アップ）
カバー・ブックデザイン　太刀川英輔（NOSIGNER）

第一章

伝統産業に恋して

伝統文化と無縁の日々

伝統産業に関する仕事をしていると、

「旧家のお生まれですか？」

「呉服屋さんのお嬢様ですか？」

「ご両親は、伝統産業に造詣《ぞうけい》の深い方なのですか？」

などとよく聞かれます。でも、まったくそんなことはありません。

私は、一九八八年七月二四日、東京都目黒区で、カメラマンの父と音楽講師の母のもとに、長女として生まれました。それから四年後に妹が誕生。父親、母親、二人姉妹という、ごく一般的な四人家族の中で育ちました。

小さかった頃はアレルギー体質だったため、両親が「空気のいいところに住もう」と考えてくれて、東京から千葉の柏市に引っ越し。そうしたところ、小学校では皆勤賞をとるほどの元気な子になりました。

母は、私が幼稚園児の頃に、リトミックの教室をはじめました。リトミックとは、幼少期から音楽に触れ、リズムに合わせて身体を動かしたり、歌ったり、楽しく音楽の基礎を身につける教育のことです。

当時は自宅を教室や事務所にしていたので、ピアノやフルートの先生をはじめ、感性豊かな大人たちがいつも周りにいました。中学生の頃の私は、小さな生徒さんの面倒をみたり、教室のチラシを配ったり、自然と発表会やイベントなどの手伝いもしていました。教室の先生たちからは、「里佳ちゃんは、チラシを渡すのが上手！」と、褒められていたほどです。

その後、教室は「リトピュア式リトミック」という、○歳から音感・リズム感、そして感性を養う独自の教育法を広げ、現在は全国で開催しています。

私はいろいろな習い事をしていたのですが、母はそんな私の様子を見て、乳幼児期に感性を育てる大切さ、面白さに目覚め現在に至っているそうです。そして私自身も、この環境が後々のさまざまな発想に影響していることは間違いないように思います。

両親は、私が「やりたい！」というものには、惜しみなく機会を与えてくれました。幼稚園、小学校時代に習っていたお稽古事をあげると、バレエ、ピアノ、フルート、習字、水泳、英会話、絵画、合唱団、ストリートジャズダンス、学習塾……。

小学生のお稽古事には珍しく、フラワーアレンジメントや、プリザーブドフラワーもやっていました。これは、母の仕事の関係者がお花の教室を開いていたので、挑戦してみたのです。もちろん、生徒に子どもは一人もいません。大人たちに囲まれながら、可愛がってもらったことを覚えています。

こんな調子で、興味を持ったものはなんでも習っていたので、一週間のうち六日は習い事が入っていました。

こんなに習い事をするなんて、今考えると尋常ではないのですが、両親から「やりなさい」と強制されたものは、一つもありません。自分が楽しくてやっていたものばかりです。

ただ、あれもこれもとやっていたら、とうとう時間が足りなくなり、両親からは、

「そろそろどれかやめたら？　一週間は七日しかないんだよ」

と言われてしまいました。

好きなことが見つかると、どんなに忙しくなっても夢中になってしまう性格は、この頃から少しも変わっていません。

脳裏に焼き付いているイメージ

　こうしていろいろなことに興味を持ちながら、やりたいことをやり、友だちともたくさん遊んでいたので、「今日は何もすることがなくて、退屈！」という日は一日たりともありませんでした。

　ただ、自由奔放に育ててもらったためか、「やらされている」ことに対する耐性がないのが弱点。それで言えば、唯一、中学受験のために通った学習塾は「やらされている」ように感じて、つらい気持ちになりました。

　でも、「中学受験をしたい」と言ったのは私です。その理由は、極めて単純。ジャージ姿で過ごしたくなかったからです。

　小学校五年生の頃、地元の公立中学校に通う幼馴染のお兄さんが、いつもジャージだったので、それに疑問を感じて、聞いてみました。

「ねぇ、なんでいつもジャージで学校から帰ってくるの？」

「制服で登校した後、学校では制服を脱いで一日ジャージで過ごして、ジャージのまま帰るからだよ」

「えっ！　じゃあ、制服は学校に行くときだけ？」

「そうだよ」

私は今でこそ、ズボンもはくようになりましたが、この頃は絶対なる「スカート主義」。ズボンをはけない女の子だったのです。

三年間ジャージでは過ごせないと思い、両親に、

「私、中学校に行かない！」

と宣言しました。両親は、そんな娘に困り果て、「だったら他の中学校を受験するしかない……」と考えました。

そして、私が志望した中学校は、専修大学松戸中学校。家から比較的近かったことと、まだ出来たばかりの新しい中学校であったこと、文系だったこと、海外研修旅行があったこと、そして制服が可愛かったこと。それが志望理由です。

もともと勉強がそれほど好きではなかったので、受験勉強がつらくなり、一度だけ両親に弱音を吐いたことがあります。

「勉強ってこんなに大変だったんだ……。もう嫌だ」

すると、母から、

「本当にやめるの？　三年間ジャージだよ！」

のひと言。それだけは嫌だという思いで、がんばったようなものです。

「ジャージで過ごしたくない！」という強い信念が支えとなり、晴れて、中高一貫校の専修大学松戸中学校に合格しました。

中学といえば部活動。私が入りたかったのは「茶華道部」。茶道（表千家《おもてせんけ》）と、華道（池坊《いけのぼう》）の両方を、専属の先生から学べるのです。

私には脳裏に焼き付いて離れないイメージがあります。

それは小学校低学年の頃に見た、お茶会の風景。どこで行われていたのかは忘れてしまったのですが、綺麗な着物を着てお茶を点《た》てている美しい女性の姿に、子どもながら「着物っていいな。綺麗だな」と思いました。

また、浴衣も大好きで、夏祭りは絶対に浴衣を着ないと気が済みません。小さい頃から、ピアノやフルートの発表会にドレスを着ることが楽しみだったように、日本古来の美しい着物姿にも憧れていたのです。

けれど残念なことに、茶華道部は高校にしかない部活。中学生は入れなかったので、私はひとまずバレーボール部に入部しました。

中学校入学時に受けたスポーツテストのボール投げで、友だちはみな一〇メートル以上飛ぶのに、私だけ五メートルも飛ばず、なんとか結果を伸ばしたいというのが入部のきっかけでした。

部活で練習した甲斐もあり、中学二年生のスポーツテストで、一〇メートル飛ばすことができて目標は達成。やりきったと感じた頃、ちょうど中学と高校の部活動が合併し、茶華道部への入部を許可されました。そこで先生に相談し、中学三年生から、茶華道部に入部したのです。

このときが、私が初めて伝統産業品と出会う場となりました。

日本に残された稀少な和の空間

茶華道部は、お道具が揃っていて、お茶室も立派で、それまで見たことのなかった伝統産業品がいっぱいありました。広間と小間があって、お茶碗、棗《なつめ》、水差し、菓子器、畳、掛け軸……今だからわかることですが、お茶室は、日本に残された数少ない総合的な自国の産業空間とも言えるのです。

そんなお茶室に初めて入ったとき、

「なんでだろう。気持ちがすごく落ち着く……」

と感じました。けれど、お茶室から一歩外に出ると、またいつもの自分に戻る。

「いったいこの不思議な感覚はなんだろう？」

私はどんどん茶道の奥深さに引き込まれていきました。

たとえば茶道では、季節によってお茶碗の形が変わります。夏は口が広くて冷めやすく、冬は筒型になっていて冷めにくく、というように。

また、亭主と正客《しょうきゃく》のやりとりもとても好きでした。

春が訪れる少し前の季節には、桜の花びら模様の水差しが用意され、菓子器は一見すると、静寂さを感じさせる黒塗りのシンプルなものなのですが、蓋を開けると中には、これまた桜の花びらをモチーフにした主菓子《おもがし》が綺麗に並べられる。手にしていた菓子器の蓋を返すと、一面に見事な桜の花が蒔絵《まきえ》で描かれていて、最後は亭主の点てた美味しいお抹茶が、桜の木が描かれたお茶碗で供《きょう》されます。

春を感じさせるものたちが、お茶室にたくさん溢れるのです。

日本は四季に恵まれた国。四季の訪れをただ待つのではなく、それを予期し、先取りして楽しむ。お茶室の様々なところに気配りをするけれども、それを露骨に説明するのではなく、相手に感じていただけるようもてなすのです。

相手も、そのもてなしを感じる教養や心、感性があるからこそ、多くのことを語らずとも、コミュニケーションが成立し、ときにそれは、言葉で多くを語る以上に伝わることがある。そんなことを感じました。

まるで、亭主がお茶室という空間に隠した粋な宝物を、正客が一つひとつ見つけていく宝探しのような感覚で、私はとても好きでした。そんな大人たちの粋なやりとりを、楽しく、そしてかっこよくも感じ、私もいつの日か、粋を隠し、また見つけられる大人になりたいと思うようになりました。

茶道に触れることで、私の中に私なりの「粋」という感覚が芽生えはじめたのです。

また、華道池坊に触れたことで、大切な気づきがありました。私が小、中学校のときに習っていたフラワーアレンジメントやプリザーブドフラワーでは、お花で空間を埋め尽くすことが美しいとされています。

しかし、華道はどちらかというと、空間を作るためにお花を活けています。風の通り道のような空間を生み出し、野に咲く花を摘んできて、それをそのまま室内で表現する。秋や冬なら、多少枯れた葉や虫食いの葉があってもいい。朽ちていく姿もまた美しい……。フラワーアレンジメントとの違いに気づけたことで、そんな日本人の精神性の高さを改めて実感できたのです。

日本の伝統文化など何ひとつわからずに茶華道部に飛び込んだ私が、こうして日本の伝統文化に興味を持つことができたのは、茶華道部顧問の砂川先生のおかげです。先生は当時六〇歳くらい。とてもパワフルな女性でした。

幼い頃から、先生との相性によって習い事の好き嫌いが決まる私にとって、茶華道部の先生に恵まれたことは、間違いなく今の道に入る重要なきっかけとなっています。

私は疑問に思ったことは、すぐになんでも砂川先生に質問していました。たとえば、

「なぜ、この順番なのですか？」

「ためしに反対でやってごらんなさい」

「あ、たしかにやりにくい！」

こんなふうに、謎解きをしながら茶道や華道を実践させてもらえたことは、大きな収穫でした。どうすれば楽しく、興味を持って取り組めるのかを、先生は常に考えてくださっ

ていたのかもしれません。

先生のおかげで、私は日本の伝統にどんどんのめり込んでいきました。

何度も突き返される企画書

茶華道部に入部してからはずっと「和づくし」だったかと言うと、そういうわけでもありません。高校一年生からは、放送部と代議員会執行部にも入り、三つの部活を兼部しながら、さらにクラス委員も掛け持っていました。相変わらず好きなこと、やりたいことをやって忙しくしているのが、性に合っていたようです。

放送部に入った目的、それは将来の夢である「ニュースキャスター」か「新聞記者」に近づくため。

「自分が好きなこと、魅力的に感じたことをたくさんの人々に伝えたい」

そんな思いから、ニュースキャスターか新聞記者になる、と小学校の頃から決めていたのです。

もう一つの代議員会執行部は、とにかくハードでした。

この部は、学校にとって必要だと思う行事などを自分たちで一から考えて、それがいかに必要かを先生方にプレゼンし、承認してもらい、実行に移します。先生に承認されないと、予算がおりません。

先生方からの指摘は厳しく、

「この企画書じゃ、なんでこの行事をやらなきゃいけないのかがわからない」

「本当に学校から予算を出す意義があるのか？」

などとダメ出しをされ、何度も何度も企画書を突き返されます。

そのたびに書き直し、「この企画をやる意味は何か」「私たちが伝えたいことは何か」「この研修を受ける人は、どんな成果を得られるのか」を明確にします。

ここでは、入学したばかりの一年生の学級委員を集め、クラスのまとめ方や、クラスでよく起こる問題の対処法など、自分たちでクラスを運営していくために必要なことを学ぶ一泊二日の研修会などを開催しました。

研修会の企画運営から、レクリエーション企画作成、お弁当代の予算請求、布団を借りる業者の手配まで、すべて自分たちで行い、いわゆる「仕事」に近い経験をできました。

今考えると、企画書を書いたり、プレゼンする力の芽は、この頃から鍛えられ始めたように思います。

また、物事を行うときの意義と、それによってどういう成果が得られるのかを、自ずと考える習慣もつくようになりました。

部活の掛け持ちで夏休みも毎日学校に通っていた私は、高二になって大学受験を考えはじめたとき、先生に相談しました。

「聖教《きよのり》先生。私、『なんで、こんなに忙しくしているんだろう。どれもやりたかったことのはずだけど、全部中途半端になっている気がして、本当にいいのかな……』って、最近思うんです」

「矢島は全部よくやってるよ。今やってることは、大人になってから必ず、やっててよかった、って思えるときがくるから、もう少しがんばれ。それに、どれかをやめたって、大して勉強の時間が増えるわけじゃない。むしろ、全部やっていたほうが、相乗効果で効率もよくなったりするもんだ」

「たしかにそうかも。今やっていること自体は楽しいし、いつかこの経験が生きてくるんだったら、出来る限りがんばってみよう！」

そう納得し、どれも辞めずに続けることにしました。私は、

「一見、無関係なことでも、絶対に将来、役立つことがあるから、自分が楽しめることであれば、それは挑戦するべきだ」

と思っています。

そうなったのも、こんなふうに諭《さと》してしてくれた聖教先生のおかげです。

一八歳で自分の人生を振り返る

高校二年生の終わり頃、一歳年上の幼馴染が国立大学にＡＯ入試で合格しました。

「ＡＯ入試ってなんだろう？」

そこで調べてみると、私が高校時代に培ってきたものを活かせる入試だと知りました。一般入試のように学力重視ではなく、学生のもつ多面的な能力を評価してくれる入試だったのです。

私はもともと、じっと机に向かって勉強をするのが得意ではありません。中高時代を通して、成績は真ん中程度。

勉強のよくできる友だちを見てきて、「私とは明らかに頭の構造が違う」それと同時に、「私は勉強よりも、大好きな学内の活動に一生懸命取り組む方が向いている」とも考えていました。

課外活動を評価してくれるＡＯ入試は、私が一生懸命取り組んできた経験を最大限にアピールできる最適な入試方法だったのです。

気になるいくつかの大学の推薦募集要項を集めて読んでいく中で、「ここしかない！」と思ったのが、慶應義塾大学法学部のＡＯ入試（法学部においては、教員と良好な相性の学生を選考するという意味で、ＡＯ入試のことをＦＩＴ入試と呼びます）でした。

慶應義塾大学の創設者、福澤諭吉先生の建学の精神にも共感を抱き、そして、求められている人材像と自分がぴったりだと勝手に感じたのです。

「たまたま先に生まれた人が、後に生まれた人に教えるだけ、たまたま先に知った人が、後から知る人に教えればよい」という福澤先生の考え方に非常に共感しました。

年長者を敬うことは、とても大切です。けれど、年長者だから偉い、という考えには、少し違和感がありました。年長者でも知らないことはあるし、逆に子どもの方が本質を見ていることもある。だからこそ、この考え方が、とてもしっくりきたのです。

高校の先生からは、私の成績では慶應義塾大学は厳しいといわれていました。けれど、「自分にできないことができ、心から尊敬できる友人たちと共に生活を送り、刺激を受けられる環境に自分を置きたい」

そう考えていました。

しかも、法学部政治学科は、将来の夢でもあった、ニュースキャスターや新聞記者の輩出率がとても多い学科。

「ここしかない！　ここで四年間学びたい！」

私の気持ちは固まりました。

慶應義塾大学法学部政治学科一本にしぼり、しかもAO入試で、私が高校時代、毎日一生懸命やってきたことがどう評価されるのかを試すことに決めました。

AO入試の第一関門は書類審査です。志望理由書を書くにあたって、自分が今までやってきたことを年表のように書き出してみました。

そこで自分がそれまでやってきたこと、学んだことが、この先どうつながるのかを一つずつまとめるうちに、「私ってこんなことをやってきていたんだ」「今のような考え方になったのは、このことがきっかけだったんだ」など、自分を再発見する良い機会にもなりました。

後になってわかりましたが、ＡＯ入試の準備は、就職活動の自己分析に似ています。就職活動をしていない私にとって、一八歳で自分の人生をまるごと振り返る機会を持てたことは、とても意味がありました。

「自分は何をしたいのか」「なぜ今、これをしなければならないのか」など、起業の原点となる基礎づくりを、一八歳のときにできたのです。

また、ＡＯ入試の書類を書いたら、必ず両親にも見てもらいました。自分だけで書類を作っていても客観性に欠けるので、客観的な意見が必要だと思ったのです。

たとえば、表現一つとっても、

「『〜だと思います』と書くと弱く感じるし、『〜だ』と言い切ると強すぎるから、『〜と自負しております』という表現にしたらどう？」

などのアドバイスをもらい、参考にしました。

両親とも、私の受験に真剣に向き合ってくれて、大人の目線で見たときにどう感じるかを教えてくれたことに、とても感謝しています。

こうして必死に書類を作った甲斐があって書類審査を通り、いよいよ実技試験の日が近づいてきました。

　その入試前の数日、私がやったことは、一人カラオケに行くことでした。とはいっても、歌うわけではありません。自己プレゼンテーションの練習のためです。

　大きな声で元気よく自分をプレゼンテーションしたかったので、心置きなく練習できる場所を探し、カラオケボックスの中で、大音量でいろいろな曲を流して、それに負けない大きな声でプレゼンの練習をしました。

　ちなみに、私の考えた自己プレゼンテーションは、「紙芝居」を使って、現在・過去に何をしてきたのか、そして法学部政治学科で何を勉強し、将来はどんな仕事に就きたいのかという未来のビジョンを説明するという手法です。

　わかりやすく、かつインパクトのある自己プレゼンをしないと、面接官の先生の印象に残らないだろうなと思っていたところ、母も同じことを考えていたようで、

「発表は楽しくないとね。一日何人もの受験生を見ていたら、面接官だって飽きちゃうよ。そうだ！　リトミックで使っている紙芝居舞台を持っていけば？」

「えっ？　あの木で作られた立派な紙芝居舞台？」

「そうそう」

「おもしろそう！　インパクトもあるよね」

重厚な木の枠で作られた紙芝居舞台は、予想以上に重かったのですが、試験会場まで一生懸命担いで行きました。

試験のグループディスカッションや、練習していた紙芝居も成功し、結果は無事合格。

正直、自分の中では全力で取り組んできたので、合格でも不合格でも、その結果を受け入れようと思っていました。

不合格であれば、それは慶應義塾大学の先生方が、「矢島さんはこの学部学科にはあわないよ」と、時間をかけて入試を行い判断してくださったということで、むしろ「ミスマッチな学校にいかなくてすんでよかった！」ということ。

けれど、合格した以上、「この学校で学べることを最大限に学び、自分のやりたいことを一生懸命やりぬこうと！」と心に誓いました。

「和える」への第一歩

ＡＯ入試で、一〇月に進路が決まった後、急に時間が空いてしまいました。周りの友だちが受験態勢に突入する中、私は卒業までの約半年間、突然やることがなくなってしまったのです。

「何かやりたい」

そんなふうに思っていたとき、妹がテレビ東京の名物番組、「ＴＶチャンピオン２」の番組終わりに、「なでしこ礼儀作法王選手権」の選手募集の告知を発見しました。

「里佳ちゃん、茶道とか華道とかやってるんだから、応募してみれば？」

妹は私が茶華道部に入っていたので「なでしこ」にぴったりだと思ったことと、私がテレビに出ればそれについていって、芸能人を間近で見たり、テレビ収録を見られたら嬉しいな、というちょっぴりミーハーな動機からだったようです。

私は私で、「この半年間で何かに挑戦したい」と思っていたので、二人の思惑が一致。「なでしこ」「礼儀作法」……いったいどんな選手権かわからないけれど、面白そうだしチャレンジしてみよう！

「ＴＶチャンピオン２　なでしこ礼儀作法王選手権」は、中学生と高校生のみが出場できる大会。

ですので、お箸やお茶碗の持ち方の順番や、正しい鏡開きの方法、日本家屋へ訪問するときの正しい所作など、知っておくと役立つマナーに関する問題がほとんど。

茶華道部に入部以来、日本の文化や精神性に興味を持っていたこともありますが、これを機に日本のマナーや礼儀作法を改めて学び、ますます日本文化が好きになりました。

選手権で学んだこと、それは「マナーは愛」。

マナーというと、現代ではなんとなく、守らなければならない、マニュアル通りにしなければならない、というイメージがあります。ですが、実は相手を考えて行動した結果の集大成がマナーの本質なのです。

たとえば、訪問先でコートを着て玄関に入るかどうかという問題。ある人はコートを着て玄関まで入るといいます。コートを脱いで玄関に入るのは「どうぞ」といわれてもいないのに、家の中まで上がる気という印象を与えてしまい、失礼にあたるのでは、という考えからです。

一方、外套着《がいとうぎ》なので外で脱いでから入るというのも正解です。どちらが良い悪いではありません。相手のことをどう考えて行動しているかが大切なのです。

マナーは、こうしなければならないという形式ではなく、こうしたほうがいろんな人が気持ちよく生活できるという指針なのです。なぜそのような行動をとるのか、という意味を考えることがとても楽しくなりました。

一月二八日、収録日当日。収録は、未成年者なので保護者同伴。もちろん、妹も行きたがり、結局、母と妹の三人で収録に行くことになりました。

母は、ディレクターさんから、

「答えがわかっても、娘さんには教えないでくださいね」

と言われていましたが、

「大丈夫です。私にはわかりませんから」

と満面の笑みで答えていました。

ディレクターさんからルール説明を聞いた後、ゼッケンが配られ、いよいよ第一ステージ。

「みんな良家のお嬢様なんだろうな」

周りを見ると、他の選手はそんなことを感じさせる雰囲気が漂っています。話を伺うと、お家ではいつも着物を着ている子や、日本舞踊のお家の子など、みなさん良家の子なのです。私はというと、あまりにも普通の家庭すぎて、比較になりませんでした。

「勝敗はともかく、今日は自分らしく楽しもう！」

リラックスした気持ちのまま、第一、第二ステージに臨み、気がつけば、なんと最終決戦であるチャンピオンステージに。

収録は一週間後。相手は、高校二年生の女の子。一番のほほんとした二人が残りました。

そしてチャンピオンステージ当日、実技問題、マナーカルト問題と進み、あと一問答えれば優勝という最後の問題。

アナウンサーの辻よしなりさんが読み上げます。

「一富士二鷹三茄子、では四は？」

すかさず、回答ボタンに手を伸ばす私。

「はい、四扇でございます」

「正解！　矢島さん、あなたがチャンピオンです！」

「やった！」

私自身が驚きました。でも、家族はもっと驚いていました。

父に電話で伝えると、

「チャンピオンになったよ！」

「優勝したの？　すごいね！　おめでとう！」

と喜んでくれました。

いつもクールな妹も、

「なんで、あんなに答えられるの」

と目をまるくしていました。

母はというと、

「最後の回答、どうして溜めたの？」

「溜めてた？　無意識だね」

「最終問題らしくって、あの間がよかったよ！」

と、謎に最後の回答の間について褒められました。

優勝できたこともとても嬉しかったのですが、生の収録現場を経験できたことも大きな収穫でした。

「テレビに映っていないところで、こんなにもたくさんの人が協力しているんだな」

ディレクターさん、アシスタントディレクターさん、カメラさん、美術さん、音響さん、そのほかたくさんの方たちが、それぞれの能力を結集させて、一つの番組が作られていく、そのプロセスを見ることができたのです。

なでしこ礼儀作法王選手権優勝という経験を通し、「私は日本の伝統文化が大好きなんだ！」という想いが顕在化しました。

それまでも日本の文化、伝統産業に触れると心地良いことは感覚的にわかっていました。でも、これほどまでに私自身が日本文化に興味を持っていたとは、気がついていませんでした。

このとき、私は日本の伝統に恋してしまっていたのです。

この出来事が「二一世紀の子どもたちに日本の伝統をつなぎたい」という想いから誕生した「和える」へとつながる第一歩となったことは間違いありません。

第二章

大学時代に「和える」を立ち上げるまで

知ることで人生は変わる！

二〇〇七年四月、慶應義塾大学、日吉キャンパスで入学式が行われました。キャンパスには、サークルや部活の勧誘のために、たくさんの学生たちが溢れています。

歩くたびに手渡されるさまざまなビラを見ながら、「どこに入ろう」と悩んでいると「とりあえず話を聞いてみない？」と声をかけてくれる先輩方。誘われるままに、興味のあるサークルの部室にいくつかお邪魔しました。

その中から入部を決めたのが、「国際会」というディスカッションサークル。持ち回りで自分が話し合いたいトピックを提案し、関連資料などを作って、みんなで討論するというサークルです。

このサークルの先輩たちは、自分のサークルのよさを説明するだけではなく、大学に入学して右も左もわからない私に、学校生活について丁寧に教えてくれたのです。

「自分で講義を選んで決めるって、どうすればいいんですか？」

「政治学科で取らなきゃいけない科目があるから、まずはそれを決めるんだよ」

「取らなきゃいけない科目？」

「必修っていって、これを取らないと卒業できないから、気をつけてね」

「え、卒業できなくなるんですか？」

無知な私に、根気よく教えてくれた先輩たちのおかげで、なんとなく大学生活がイメージできて安心したのを覚えています。

私はなんでも目の前の「人」を見て決める性分です。信頼できると思った人となら、どんなことも良い方向に向かうと思っています。

いろいろなサークルの勧誘を受けて話を聞いた結果、国際会の先輩たちなら尊敬できる、と思えました。ふざけるときは思いきりふざけ、まじめなときは深くまじめに話せる人たち。こうして、私の大学生活は、スタートを切りました。


私は大学時代に三冊の本を出版しました。一冊目は、大学一年生の三月に刊行した『カリスマ慶應生が教える　やばい！　戦略的AO入試マニュアル』（ゴマブックス）です。

実は、高校三年生でAO入試が終わってから、「世の中にはAO入試のことを知っている人は、そんなに多くないのかな？」と考えていました。

実際調べてみると、当時は予備校も、今ほどＡＯ入試に関する情報を持っていなかったため、手厚い講座も開いていない状態。ＡＯ入試に関する書籍といえば、小論文の先生がたがその延長線上で書かれたものが刊行されている程度。ＡＯ入試で合格した現役生のナマの声は、どこにもありませんでした。

そのため合格後は、先生や高校の後輩たちから、「どうしたらＡＯ入試で合格できるのか」「どんな準備をすればいいのか」「試験はどう進むのか」などの質問攻めにあっていました。

「それなら、みんなに情報を共有しよう」とはじめたのが、大学一年生の七月頃から開始した「慶應法学部ＦＩＴ（ＡＯ）入試合格日記」というブログです。

ブログを書き始めると、全国の高校生から、

「里佳さんは、いつ頃から準備を始めたんですか？」
「志望理由書を書くときに、気をつけることはなんですか？」
「試験当日、何を持っていけばいいですか？」
「一般受験の勉強はどうしていましたか？」

など、さまざまな質問がきました。また、

「いつも読んでいます。とても役立っています」

というようなメッセージもいただきました。

「自分の経験がこんなに役に立つなんて、うれしいな。どんどんブログを更新して、私の持っている情報を惜しみなく伝えよう！」

そう思っていた矢先に、ある地方の高校生から、「僕は自分専用のパソコンがないので、見たいときにブログを見られません」という悩みのメッセージがありました。

今でこそ、パソコンは一人一台の時代になっていますが、当時はまだ家族で一台という家も多かったのです。

「この高校生のような悩みを持っている人は、きっと多くいるはず。せっかくブログで発信していても、読めない人がいるんじゃ意味がない」

しかも、ＡＯ入試のことを広めたいのに、「ＡＯ入試」と検索しないと、私のブログに出会えないのでは、ＡＯ入試をまだ知らないけれど、必要としている人に届かない。

「知らなければ何もはじまらないけど、知ることで人生は変わる」

何か良い方法はないかなあと考えていたとき、父が「本にして出版したら？」と一言。

なるほど！　私は、ＡＯ入試のことを本にしようと思いました。

もしＡＯ入試を知らなくても、書店の受験コーナーで出会ったこの本をきっかけにＡＯ入試という入試形態を知り、「ＡＯ入試に挑戦してみよう」と思ってくれる人が出てくるかもしれません。

そこで、本になるかどうかもわからないのに、とりあえずブログをもとに原稿を書くことに決めたのです。

それと同時に、出版社に持ち込む企画書も作りました。ＡＯ入試受験生の数がどれくらいで、今後どれくらい増えていくのか、これからＡＯ入試を取り入れる大学がどれくらい増えていくか、という予測データも盛り込みました。

そのうえで、本として読めるような原稿になるまで、何度も書き直しました。全部で七万五〇〇〇字程度まで書き上げたところで、章立てを作り、両親にもアドバイスをもらいながら、出版社の方にすぐ読んでもらえるようにと、より本に近い形の原稿に仕上げたのです。

でも、どうやって本を出せばいいのかわからなかったので、まずは母の知り合いの出版社の方に相談にのっていただきました。すると、

「ＡＯ入試はまだ受ける人も少ないし、本にするのは難しい」

と言われてしまいました。

「だからこそ、ＡＯ入試のことをたくさんの人に知ってもらいたいのに！」

できないことなんて、ない！

七万五〇〇〇字ほど書いた原稿を手に、なんとか出版できる方法を考えました。

そこで、受験本などを刊行している出版社一〇社ほどにあたりをつけました。私はとっても必死です。

でも、代表番号に電話をすると、受付の人が出て、編集者にはなかなか取り次いでくれません。きっと海のものとも、山のものともわからない人からの電話は、取り次いではいけなかったのでしょう。

「取り次いでもらうために、どうすればいいのだろう？」

そこで思いついたのが、編集者の名前を調べたうえで、直接その人あてに電話をかけてみよう、というもの。取り次いでほしい方の名前を出せば、無下に断られることはないと思ったのです。

そこで本を買って奥付を見てみました。すると、多くの場合、そこに編集部の連絡先と、編集者名が書いてあることに気づきました。

再び、電話営業をスタート。受付の人には判断できなくても、編集者だったら興味を持ってくださる人もいるはず。

「絶対に運命の出版社に出会える！」

そう信じ続けたのです。

「もしもし、私、慶應義塾大学の矢島里佳と申しますが、〇〇さんはいらっしゃいますか？」

「はい、おまちください」

いい感じです。

「お電話かわりました。〇〇です」

「はじめまして。慶應義塾大学の矢島里佳と申しまして、現役でＡＯ入試に合格した経験を原稿にまとめたのですが、見ていただけますでしょうか？」

「へぇ面白そうだから、持っておいでよ」

こんな感じで、話も進むようになってきました。もちろん、

「やっぱり、ＡＯ入試は難しいんだよね」

と言われることもありましたが、なかには、

「うちでは出せないな。ごめんね。でも、〇〇出版さんとかなら、こういうのは得意だと

思うよ」

など、丁寧に出版社名を教えてくださった方もいました。

こうして自ら会社へ足を運び、プレゼンをしていく中で、たどりついたのが、ゴマブックスさんでした。

ゴマブックスさんでは、『カリスマ早大生が教える　やばい！　古文』『カリスマ東大生が教える　やばい！　世界史』など、受験生用の「やばい！　参考書シリーズ」が刊行されていたので、ここならＡＯ入試の本を出せると思ったのです。

ゴマブックスさんに連絡をとると、「ちょうど、ＡＯ入試の本の企画を立てていたところなんです」と言われ、お会いできることに。その場で原稿をお見せしたところ、「そのままいける！」と、晴れて出版できることになったのです。


本の出版なんて、小説家や偉い先生、大きな会社の経営者、タレントさんのような、成功した大人にだけできることだと考えていました。

けれど、それは自分で限界を決めていただけで、一九歳の女の子でも本を出せてしまったのです。

「できないことなんて、ないんだ！」

多くの人に役立つことであれば、想い続け、動き続け、継続していると、絶対にどこかのタイミングで叶うのです。

本の出版という成功体験は、その後の私の生き方を大きく変えました。

初めてお金を稼いだ

ＡＯ入試の本を出版した翌年、この本を読んでくれた高校生を夏休みに集めて、ＡＯ入試講座を開催することにしました。というのも、本を出してからさらにブログへのコメントが増え、実際に指導してほしいという要望も出てきていたのです。

また、私自身の、

「自分が書いた本を読んでくれた子に会ってみたい、そしてもし、少しでも自分の経験が役に立ち、お手伝いさせていただけることがあるのであれば、やってみたい！」

という想いからでした。

そこで、大学二年生の六月に、「なでしこリカのＡＯ入試セミナーを開催します。五名限定で生徒さん募集」（当時、「なでしこ礼儀作法王選手権」にて優勝したということから、なでしこリカちゃんと呼ばれていました）とブログに書いたところ、なんと、すぐに定員が埋まりました。なかには、福岡からきてくれる子もいたのです！

「一人でも来てくれたら嬉しいと思ってたのに、満員御礼！　求めてくれる人がこんなにいるなんて、がんばらないと！」

自主講座開催は初めての経験だったので、会場探しから自分でしなければいけません。そこで、当時お世話になっていた方々に相談したところ、「協力するよ！」と会場をご提供いただき、社会人講師を買って出てくださる方も。みなさんのお言葉に甘えさせていただき、無事に講座を開催できました。

こうして高校生の指導をしたところ、五人中二人が合格！　一回の講座でどこまで貢献できたかはわかりませんが、人の人生に関わるお仕事の面白さと、その重みを感じる機会となりました。

受講生から、こんな言葉をいただきました。

「里佳さんの本をたまたま本屋さんで見つけて、ＡＯ入試を知りました。そこからブログも読むようになって、この講座を知って、どうしても参加したいと思って、親にお願いしました。そして無事に、里佳さんの後輩になれて嬉しいです！」この言葉を聞いて「がんばってきて、本当によかった！」と、ものすごい達成感を味わいました。

最初は、「こうなったらいいな」という私の妄想でしかありませんでした。そこから、どうしたら良い講座になるかを悩んだり、周りの方々の力をお借りし、一つひとつのハードルをクリアして、ついに妄想が現実のものとなったのです。

やっぱり「できないことなんて、ない！」のです。

初めて自分で講座を開いて人にお教えするという経験をし、その対価としていただいたお金だったので、何か一生の宝物になるようなものを買いたいと考え、ルビーの指輪を買いました。

なぜルビーかといえば、私の誕生月である七月の誕生石だから。何軒もアクセサリー屋さんを見て回って、やっと見つけた理想の指輪です。自分の指の大きさに合わせて作っていただきました。

小さなルビーですが、今でもこのルビーの指輪は私の宝物。今でもここぞというときに、つけています。

和文化を広げる活動「和愛」を作る

当時の私の夢は、ニュースキャスターか、新聞記者になり、多くの人に情報を伝えて、発信するというもの。

慶應義塾大学法学部政治学科は、その夢を実現できる可能性の高い大学でした。

そこで、早く目標に近づきたいと思っていた私は、大学一年生から二年生にかけて、国際会の先輩や周囲の大人を頼って、OB、OG訪問を始めました。

ニュースキャスターや、新聞記者の先輩方に話をうかがってわかったこと、それは毎日起きている事件の真実を追い求め、たくさんの人に伝えるという仕事内容。だからこそ、自分が伝えたいことを選り好みしてはいけないと教えていただきました。

そのときに、はっと気がついたのです。

「これは、私がやりたいこととは少し違うのかもしれない……」

私は多くの人に情報を伝えたいと思っていましたが、どんな情報を発信したいのか、考えたことがありませんでした。

また「情報を伝える職業」というと、報道関係のお仕事だと思い込んでいたのですが、他にも伝えるというお仕事は世の中にたくさんあることを知ったのです。

「どんな情報を伝えたいのかをもっとよく考えて、その情報を伝えるのに最適な仕事を、探してみよう」

こうして大学二年生の私は、「何を伝えたいのか探し」に旅立つこととなりました。


「自分は何をやりたいんだろう?」

そう問いかけ続けながら、興味のあることにはなんでも挑戦していきました。興味を持ったら行動する。これは私がずっと心がけてきたことです。

何もやらなければゼロだけど、何かやったら、その経験は必ずいつかつながる。

それに、自分の能力はどこに隠れているかわかりません。挑戦することで、自分の可能性を広げることもできるはずです。

大学時代に挑戦したことの一つが、和を発信する国際人の育成を目標に、日本文化に興味がある大学生を集めて、「和愛《わあい》」という学生団体を作ったこと。

高校生の頃、「TVチャンピオン2 なでしこ礼儀作法王選手権」で優勝して以来、日本の伝統に深く興味を持っていることを自覚した私は　日本の伝統の魅力をもっと身近に感じるような生活をしたいと思っていました。

私たちの周りには、食事、ファッション、ライフスタイルなど、さまざまな面で西洋文化があふれていますが、自国の文化は「非日常的」なものになりつつあるのが現状です。

「数ある国の中から、日本に生まれてきた私たちが、日本の文化を知らないでいるなんてもったいない」

そう思ったのです。

また、私自身、学生時代にアメリカ、シンガポール、ベトナム、中国、オーストラリア、フランスなど、一〇カ国以上に行きました。そして、行く先々でとても驚いたことがあります。

それは、日本についてとても興味があり、日本の文化や歴史について知りたい外国の方がとても多いこと。いろいろな質問をされましたが、その内容は、日本の文化や歴史に対する知識がないと出てこない質問ばかり。

「こんなにも日本の深いことにまで興味があるなんて、知らなかった……」

さらに、大学に入ってある違和感を持ちました。

それは、英語が流暢《りゅうちょう》に話せても、海外の人に日本の文化について聞かれたときに、何も答えられない学生が多いこと。

「海外の人は、みな自国の文化に誇りを持って、これでもか、というくらい主張してくるのに、なぜ日本人は話せないんだろう……」

これからグローバルに活躍する若い世代の人々が、日本文化を知ることは、海外の方とのコミュニケーションをとるときにとても役立ちます。

語学の勉強も大切ですが、自国の文化に誇りを持って海外で話せたら、どんなに楽しいだろうか。

自国の文化を深く知ってから、他国の文化を学ぶほうが、比較対象を持てるので、真の文化理解ができるのではないか。

そのためにも、西洋化した現代の生活に無理なく、日本の文化を取り入れていくことが必要なのではないか。

そんな想いのもと、「和愛」を立ち上げました。

「和愛」では、「目指せ、和の日常化！」を掲げ、講演会の講師として日本舞踏の師範の学生を招いたり、「和文化体験&研究合宿」と称して、京都に行って座禅を体験したり、伝統産業品を見たり、和菓子作りを体験する一泊二日の夜行バスの旅を企画するなど、楽しく真剣に、和文化を体験していきました。

なかでも、企業とコラボレーションしたイベント「学生着物フェア　はたちのキモノ祭」は、貴重な経験をさせていただきました。

これは、新宿髙島屋さんと、リサイクル着物ショップ「たんす屋」さんと、学生とがコラボレーションし、リサイクル品から新品まで、さまざまな着物を学生が販売するというイベントです。学生でありながら、企業や社会人と対等にお仕事をする機会をいただいたのです。

たくさんある商品の中からイベントのコンセプトに合う商品をセレクトしたり、参加学生への呼びかけを行ったり、メディアの取材対応をしたりと、いろんな仕事をしました。

また、「和愛」で開催する講演会には、一般企業の方から、呉服屋の女将、利き酒師など、様々なお仕事の方にお越しいただき、大学内だけでは出会えない面白い人々と交流できました。

ある日、表参道で出会った越前和紙の問屋さんの社長が、「紙の神様のお祭りがあるから、よかったら遊びにおいでよ」とおっしゃってくださったので、私は一人、福井に行くことにしました。人生初の福井。

「どんな場所なのかもわからないけど、とにかく行ってみよう！」

一人で町をふらふら歩いていると、知らないおばちゃんから、

「あんた、暇ならこっちへ来て手伝っていかない？　これからお神輿《みこし》が来るのよ」

そう言われて、知らない人のお家にもかかわらず上がりこみ、気がつけば、お神輿を担いできた人にお酒を振る舞っていました。

みんな、私が何者なのかということは全く気にせず、再びお神輿を担いでいきました。

越前和紙の人間国宝の方もお祭に参加されていて、偶然お会いできたのですが、にっこり笑って「アイス食べる？」と、面識のない私にアイスをくださいました。出会った人が何者なのかを詮索するのではなく、今、自分の目の前にいる人との時間を大切にする。

「田舎ってあったかいなあ」

ずっと都会で育った私には新鮮な感覚でした。


こうして和文化を広げる活動をする中で、私はある「人体実験」に取り組むことにしました。

それは、「なぜ現代人が着物を着なくなったのか」という謎を解明するために、着物で日常生活を過ごしてみるというもの。

きっかけは、小学校六年生から文通をしていたオーストラリア人のリラから、結婚式の

招待状が届いたことでした。

手紙を読むと「ぜひオーストラリアの結婚式に来てほしい。そして、ブライダルメイトをお願いしたい」と書かれていました。

「喜んで！」と思ったその次に書いてあったのが、

「赤いドレスをみんなで着るから、リカは、赤い着物で来てね！」と……。

「着物？」

茶華道部に入ってはいましたが、普段は制服でのお稽古。年に一回の文化祭で着物は着るものの、着せていただいていたので、自分では着れません。

「日本人だからって、着物を着れるわけじゃないんだよー！」

と思ったのですが、「リラの頼みを断るわけにはいかない！」ということで、着付けのお稽古に通うようになりました。

「そういえば、なんでみんな着付けをできないのだろう？　と疑問を持ち、「普段から着物を着てみよう」と思い立ったのでした。

まずは、毎週月曜日は和服の日と決めて、日吉や三田の大学キャンパスを着物で歩くことにしました。

「着物で生活すると、何か不自由があるのかな」と考えていたのですが、特に不自由なこともなく、やがて週三〜四日は着物で通うようになりました。着物を着ると、自然と背筋がぴんと伸びて姿勢が良くなるし、所作も綺麗になるし、街中でいろんな人に話しかけていただき、思わぬ出会いがあり、良いことがたくさんありました。

人体実験の結果、私の中で得られた考察は、

その一、ライフスタイルの変容により、着物を着なくなった世代が大人になり、自分の子どもたちに着付けを教えられなくなった

その二、それによって日本人自身が着物を、非日常の伝統衣装と位置づけるようになって、日常着ではないので「着ていく場所がない」と言って自ら遠ざけた

というものでした。

普段の生活で着ていれば、着ていく場所もなにもないのに……。

与えられたチャンスは逃さない

ちょうどその頃、ＡＯ入試の書籍を出版したり、ＡＯ入試講座を開催したことをきっか

けに、講演に呼んでいただけるようになりました。

企業の社員研修会やロータリークラブ、経営者や会社員の方々が集まる異業種交流会、慶應義塾大学の先輩方の同窓会、高校生に向けて、母校の学生たちに向けて……さまざまなところで、日本の伝統産業のことや、AO入試のことなど、いただいたテーマに沿いながら、いろいろな切り口からお話をさせていただきました。

こうして講演をしていると、聞いてくださった方が、

「うちでもぜひ講演してほしい！」

とおっしゃってくださり、また次の講演につながったり、不思議な出会いに導かれていきました。私は、自分が経験してきたことや、今、考えていることを、様々な角度で考えてお話しするという経験を積み重ねながら、「自分ができること」「やりたいこと」を確認し、進むべき道を固めていったように思います。

話すお仕事をしたり、後述する書くお仕事をしたりしていると、いろいろな方にお会いする機会もだんだんと増えてきました。

そんな中で、こんなこともありました。

私が、雑誌で記事を書いたり、本を出版していることを知って、声をかけてくださった

のですが……、

「矢島さん、書けるなら、うちの雑誌でも書く？」

「どんな雑誌ですか？」

「○○っていう雑誌だよ。学生だからお金は出ないけど、いい経験になると思うよ」と、学生なら無報酬でもいい、というようなスタンスの方もいました。

他にも、女子大生グループを組織して行うプロジェクトのボランティアに誘われることなどもありました。

自分では一人前に社会の中で仕事をしているつもりでも、大学生であるということで対等な立場として見てもらえないことも少なくありませんでした。あのときは、今よりも若かったので、それらのことをはがゆく思いましたが、今思えば、どれもよい経験です。

大学時代に出会った方たちからいただいた多くの経験は、すべて今の私にとって、大きな財産となっています。


大学二〜三年生は、私にとって「自分にできることは何か？」「自分のやりたいことは何か？」を見極めていく時期でした。だからこそ、興味のあるものにはなんでもチャレンジしていたのです。

「失敗しても、その失敗を真摯《しんし》に受けとめ、学び、次につなげればいい」

そんなふうに考えていたので、与えられたチャンスを一つひとつ大切にしていました。

若手職人さんを紹介する連載スタート

「私は、自分が本当に伝えたいと思うことを伝える仕事に就きたい。それはいったいどんな仕事なのだろう……」

「私の伝えたいことっていったい何？　これから一生をかけて何を発信していけばいいんだろう？」

そう考え続けた結果、浮かんでくるのは、やっぱり日本の伝統産業。

中学、高校と所属していた茶華道部での経験、そして、「TVチャンピオン2　なでしこ礼儀作法王選手権」に出場したこと、「和愛」を立ち上げたこと……。

「私はこんなにも日本の伝統産業や伝統文化に魅力を感じている。それなのに、なぜ日本独自の技術である伝統産業が衰退しているの？」

そんな疑問が湧いてきたのです。

そうはいうものの、私自身も伝統産業の価値をわかっているわけではありません。たとえば、茶道のお茶碗一つとっても、一万円で買えるお茶碗もあれば、上を見ると青天井です。その違いは何なのかと聞かれると、答えられません。ここで、私は物の価値を決める判断基準を持っていないことに気がつきました。

なぜなら、その制作工程を見たことがないからです。制作工程は値付けの一部分でしかないかもしれませんが、どう作られているかがわからなければ、なぜその値段がつくのかを理解できないだろうと考えました。

「そうだ！　実際に物を作っている職人さんに会いに行こう。現地で話を聞こう！　そうしたら、何かがわかるかもしれない」

そんな考えが湧きあがりました。でも、学生なのでお金もないし、交通費をかけて地方に行くこともできません。

「それなら、仕事にできないかな。仕事にしてお金を稼ぎながら会いに行こう！　でも、それができる仕事ってなんだろう……。そうだ、職人さんを取材して記事にするような連載企画はどうかな。取材をして記事にすれば、職人さんの存在をたくさんの人に知ってもらえる。この企画を採用してくれる会社はないかな？」

私の中で職人さんを取材して記事にするという妄想が、むくむくと湧きあがってきていました。

これを実現するためには、まず企画書を作って、それから連載企画を持ち込めるような会社を探さなければなりません。そこで、以前、ＡＯ入試本の企画を採用してくれる出版社を探していたときに知り合った北村さんに会いに行きました。

北村さんにご紹介いただいた出版社がダメだったときに、

「企画が通らなくてごめんね。でも、また何かあったら、いつでもおいで」

と言ってくださったからです。

それは、社交辞令だったのかもしれません。でも、私は「何かあったら、いつでもおいで」という言葉を信じて、今度は連載企画を持ち込みたいと話しに行ったのです。

「私、職人さんに会いに行きたいんですけど……」

企画書を作り、それを北村さんに見せると、じっと企画書に目を通してから、

「知り合いにＪＴＢの人がいるから、ちょっと聞いてみようか。ただ、その前にもう少し企画書をブラッシュアップしたほうがいいね」

そう言って、一緒に企画書を練り直してくださったのです。

それから月に二〜三回、北村さんにお会いして、この企画をやる意義や情熱などを盛り込みました。

そこで、「なぜ矢島里佳がこの企画を行う意味があるのか」「なぜ他の人じゃダメなのか」「職人さんの何を読者に伝えたいのか」などを考え直し、「二〇〜四〇代の若手の職人さんを取材する」というコンセプトで、企業に提出する企画書を完成させました。高校時代に代議員会執行部で、先生から何度も企画書のダメ出しを受けて書き直した経験を思い出しながら。

そして、企画の持ち込みと、北村さんにご紹介いただいたJTB西日本さんが、偶然にも顧客向けの会報誌を発刊するタイミングとがちょうど合い、連載「和's worth」というタイトルで、毎回一ページを担当させていただけることになったのです。

こうして、大学二年生一九歳の終わり頃から約三年間、年四回発行の季刊誌「琹」に、職人さんの取材の連載を持たせていただきました。

「和's worth」のおかげで、取材という名目で全国を巡りながら、注目の若手職人さんとたくさん出会え、刺激を受けたのです。

JTBの会報誌のお仕事は一ページといえども、毎回必死でした。というのも、私一人で取材先を探すところから始め、アポイントをとって取材をし、カメラマンもやって文章も書くという、何役もこなす必要があったからです。同じ読み物でも、書籍作りとはまったく異なる世界でした。

北村さんは私を紹介した手前、私がちゃんと仕事をこなせるかどうか心配だったのかもしれません。

「和's worth」の記念すべき第一回目は、北村さんの知人の方で、金沢で金箔の会社を取材しました。取材にも北村さんが同行してくださり、しかも取材の仕方や原稿の書き方まで教わり、たくさん面倒を見ていただきました。

職人さんの技術は、使ったらわかる

こうして、連載第三回目までは北村さんに何かと手伝っていただき、第四回目からは完全に、一人ですべてを行うことになりました。

まずは、霞が関にある都道府県会館に行き、地方の職人さん探しです。ここには四四都道府県の事務所が入っています。

「二〇〜四〇代の、若くて魅力的で面白い職人さんはいませんか？」

そこで、面白そうな職人さんがいるという情報をつかむと、現地に行き、職人さんを紹介してもらいます。

「私、二〇〜四〇代の若手の素敵な職人さんを探しているんですが、誰か知りませんか？できれば、次世代に日本の伝統をつなげようという気持ちを持っている方で、チャレンジ精神旺盛な方を探しているんですけど……」

「それなら、〇〇と〇〇がいいんじゃないかな」

「ぜひ、紹介してください！」

「いいよ。よし、今から行くか。車に乗って！」

そう言われて、現地で車に乗せてもらって職人さんのところに連れていってもらい、

「じゃ、ここだから。あとはよろしく！」

とポンと車から降ろされたこともあります。おかげさまで、現地に入って職人さんと会えないことは、ほとんどありませんでした。

職人さんというと、無口で頑固そうなイメージがありますが、まったくそんなことはあ

りませんでした。職人さんからすれば、若い子が伝統産業に興味を持ってやって来ることが珍しいようで、むしろ親切にいろいろ教えてくださいました。

　私は、子どもの頃からの習慣で、気になったら何でもすぐに質問します。自分で興味を持つと、人見知りや緊張もしません。伝統産業の魅力を読者に伝える、という使命感のもと、職人さんにたくさんの質問を投げかけ、細かく話をうかがいました。

「なぜ、ここで焼き物を作っているんですか？」

「近くに山があるんだけど、あの山からいい陶石がとれるんだよ」

「だから、ここで焼き物が発展していったんですね」


「砥部焼も有田焼も白いですよね。何が違うんですか？」

「有田焼の陶石は熊本の良質な天草陶石を使っているので真っ白になるけど、うちの砥部焼は、ほんのり青みがかっているというか。まぁ、有田より良質な陶石がとれないからなんだけどね。あははは……」

「でも、それってすごい特徴ですよね。私は、この青っぽい感じも素敵だと思います」

　焼き物の産地なら、なぜここで焼き物が発展したのかをうかがうと、発展する自然条件や地理的条件があった、昔焼き物の技術を持った人が渡ってきたなど、さまざまな歴史を知ることができます。

そのほかにも、なぜ今の仕事を始められたのか、物作りをするときの心構え、商品を作り上げるまでのプロセス、技術の本質、職人さん自身の人生観、仕事観……ありとあらゆることを教えていただきました。

取材でうかがった内容は、とても一ページでまとめられるようなものではありません。それでも自分が納得しないと、人に伝えることができないと思い、納得いくまでたくさんのことを取材しました。

写真はどうしたのか。カメラマンを連れていく予算はなかったので、自分で撮りました。でも、自分で言うのもなんですが、どれもけっこういい写真。父がカメラマンだったため、小さい頃からカメラに慣れ親しんでいたのです。

撮られ慣れていない職人さんたちは、会話をしながら撮るようにしていました。こうすることで、緊張して顔がこわばってしまう職人さんも、笑顔になったりして柔らかい表情を見せてくれます。

こうして貴重な時間をいただき、話をさせていただきましたが、職人さんたちはみなさん気さくに、どんな質問にも丁寧に答えてくださいました。

とても優しい方たちでしたので、もし私が、興味本位で話をうかがいにいったとしても、きっとお話をしてくださったと思います。

けれど、取材ということもあり、私自身、自分で納得するだけでなく、人に伝えなければならないという使命感を持っていたからこそ、より深い本質的なお話を聞こうとしましたし、職人さんたちも聞かせてくださったのだと思います。

また、「私一人が聞かせていただくなんてもったいない！」と思うくらい、本当に素敵なお話をみなさんがしてくださるので、「伝える場があって本当によかった！」と思いました。

また、職人さんも、普段はなかなか伝えられないけれど、機会があれば自分のやっていることや技術、想いを伝えたいと考えていることも、この仕事を通じて気がついたのです。

取材をさせていただいた職人さんから、

「記事、見たよ。みんなに伝えてくれてありがとう！　写真も素敵だった」

と言っていただけたときはとても嬉しく、私も「伝える」ことの大切さを身に染みて感じました。

私は、和の伝道師として職人さんのことを伝えていくためにも、まずは自分で伝統産業品を使ってみようと思いました。なので、取材をした後は原稿料で伝統産業品を購入。使い勝手を試してみました。

たとえば、三重県四日市市で約三〇〇年続く萬古焼《ばんこやき》の職人さんを取材させていただいたときは、急須を購入しました。萬古焼は、昔から急須が有名です。

手作りの萬古焼は、紫泥《しでい》という特有の土で作られ、この急須でお茶を淹れると、もっとも日本茶のうまみ成分を引き出せると、近年、科学的に証明されたそうです。昔の人は、そんなことを感覚的に知っていたのかと思うと、尊敬の念を抱かずにいられません。実際、とてもお茶が美味しく感じます。

手作りの萬古焼に出会うまでは、工場で大量生産されている普通の急須でお茶を淹れていましたが、いつも注ぎ口から水漏れをするので、急須は多少水漏れしても仕方のないものだと思っていました。

ところが、職人さんが轆轤《ろくろ》で挽いて作った萬古焼の急須を使うと、一切水漏れがありません。お茶を注いだあとの水切れがよく、お茶のうまみも出るのです。

少しくらい高くても、美しくて機能性にも優れているものを手に入れると、

「これで一生使えるなら、安い買い物。使い心地も良いし、何よりも職人さんがこだわって作った物を使うって、愛着もわくし、心があったかくなる」

そして、使うことが楽しくなるので、「お茶もティーバッグではなく、ちゃんとお茶葉から入れて、少し蒸らしてみよう」など、生活そのものも丁寧になってくるのです。

これは使ってみないとわからなかったと思います。私自身、使ったからこそ実感できたこと。だからこそ、やっぱりたくさんの人に職人さんの技術を知ってもらい、実際に使ってもらうことが大事だと気がつきました。多くの職人さんへの取材を重ねながら、自分でも伝統産業品を使い、その魅力を実感していくうちに、

「職人さんの作る伝統産業品を、日常で使ってほしい。この魅力を一人でも多くの人に伝える仕事がしたい」

と心が決まっていったのです。

伝統産業、喪失へのカウントダウン

現地へ赴き、職人さんたちを取材しながら、繰り返し湧いてくる疑問がありました。それは、

「職人さんたちはとても熱い想いと技術を併せて持っている。それなのに、なぜ日本の伝統産業は衰退していくのだろう……」

というものです。

仕事を通じて職人さんと深く交流させていただくうちに、職人さんたちのほうから、私に悩みを話してくださるようになりました。

「こうやって物を作っているけどさ、伝統産業はやっぱり年々衰退してるんだよね。担い手も減ってきているし、なかなか物も売れないし。今の若者は、こういうの興味ないでしょ」

伝統産業の職人さんたちは、とても高齢化しているのが現状です。取材で和紙、陶磁器、ガラス、染物、刃物、和紙……様々な産地へ行き、「一人の職人さんを育てるのに、何年かかりますか？」と、尋ねてみました。

すると不思議なことに、産業は全く異なっても、みなさん口をそろえて「最低でも五年はかかるね、そこから自分の思うように表現した物を作れるようになるまで、さらに五年、トータル一〇年ってとこだね」と。

つまり、一人前と言われる職人さんを一人育てるのに、一〇年間の年月を要するのです。

職人さんの平均年齢が六〇歳を超えたと言われているこの伝統産業界において、後継者育成はこれからさらに難しくなっていくのは間違いありません。

「物が売れないから、人を雇うことができなくて、後継者がいない。もう六〇歳を過ぎた。今から若者を育てたとして、一人前になる頃には七〇歳……。世間では引退する年齢だ」

職人さんの話から、伝統産業の構造的な問題点が見えてきました。

これから私たちはいくつ、先人の知恵を引き継ぐことができるのか。逆にいくつ失っていくのか……。もうカウントダウンの始まった、危機迫った産業なのです。

そこで私なりに、なぜ伝統産業が衰退してしまったのかを考えた結果、

「そもそも伝統産業を知る機会がない」

という答えにたどり着きました。

考えてみると、私が伝統産業に初めて触れたのは、中学校三年生で茶華道部に入ったとき。日本という国に生まれながら、自国の伝統にほとんど触れずに育ってきたのです。

今の日本では、大人になってから自分の意志で伝統産業を求めなければ、出会うことは難しいのが現状です。

昔は日常生活で活用されていた伝統産業の品々も、今では西欧の文化に押され、受け継

がれることなく衰退していく……。

それって、なんだかもったいない気がする。

子どもは大人から「知る機会」を与えてもらわなければ、知ることはできません。自国の文化を知らずに育った子どもたちは、大人になっても、興味を示す機会がありません。知らなければ当然、欲しい、友だちに贈りたい、という考えには至りません。

私はたまたま茶華道部に入部したために、伝統産業品に触れることができましたが、もし学校に茶華道部が存在していなければ、きっと伝統産業に触れないまま大人になったに違いありません。

だから、まずは伝統産業を子どもたちに知ってもらい、使ってもらう機会を作ること。それこそが、伝統産業の魅力を継承していくことにつながるのではないか。そう考えたのです。

それに、幼少期に触れたものは、大人になってからもずっと記憶に残るものです。たとえば、「なんとなく懐かしい香りがする」と思うと、おばあちゃん家の香りだったり。「この味、好き」と思うと、子どもの頃に親が手作りしてくれたおやつの味に似ていたり。五感を使った幼少期の記憶は、鮮明に覚えているものなのです。

ちなみに、今思えば、私が「起業家」の道を歩むことになったのは、幼少期に母が起業してビジネスを立ち上げたことと、あながち無関係ではないでしょう。

「幼少期に価値あるものを伝えることって、大切なのでは……」

そんなことを考え始めるようになっていたとき、取材で出会ったのが、愛媛県の砥《と》部町《べちょう》で砥部焼職人として活躍されている大西先《はじめ》さんでした。大西さんは、家族三代で焼き物職人をされていて、現在四人のお子さんがいらっしゃる父親でもあります。

大西さんのお店に入り、まず目に留まったのは、動物の絵付けをした子ども用お茶碗でした。

「あれ？　なんか可愛いな」

色とりどりの絵が描かれている砥部焼のお茶碗は、親しみやすい雰囲気にあふれていました。

「大西さん。どうして、子ども用のお茶碗を作っているのですか？」

「子どもが通っている幼稚園のパパやママ友だちから、子どもに与える良い器がないから作ってほしいと言われたんです」

「それをきっかけに作ったんですか？」

「そう。そうしたら、評判が良かったので商品化したんです」

それまで職人さんを取材する中で、子ども用のものを作っている職人さんに出会ったことはありません。

今、子ども用のお茶碗というと、割れない素材で作られているものがほとんど。

私自身も、子どもの頃、ワンプレートで食事をしていました。でも……。

「もし子どもの頃から伝統産業品を使っていたら、どう変わっていくんだろう」

幼少期から伝統産業品に触れる環境にあれば、その中から伝統産業に興味を持つ子どもたちも出てくるのではないか……。

伝統産業品の魅力を知っていれば、大人になってからも興味を持ち、使い続けたいと思うようになってくれるのではないか……。

私は、砥部焼のお茶碗を買って、使ってみることにしました。

砥部焼は、厚手でぽてっとしているのが特徴。だから、なかなか割れにくいのです。

もちろん雑に扱えば割れてしまいますが、それでも「割れにくい」という特徴は、子ども用のお茶碗として最適です。

「もしかしたら、『伝統産業×赤ちゃん・子ども』ってありかもしれない。砥部焼の子どもシリーズも、実際、パパやママのニーズから作られたわけだし……」

これまで頭の中にあった点と点が結びつき、線になりかけたような気がしました。「伝統産業品」というキーワードと、「赤ちゃん・子ども」というキーワードが、私の中でピタッとつながったように感じたのです。

本藍染は産着にぴったり！

さらに、点と点がハッキリと線になる出会いが私に訪れます。

学外活動「和愛」でさまざまなイベントを企画したり、講演会で話させていただいたり、JTBの会報誌の取材で地方を飛び回ったりしているうちに、あっという間に大学三年生になっていました。

興味の赴くままにさまざまなところへ足を運び、いろいろな方と出会う中、お誘いいただいたコンテストがありました。それは、徳島県を活性化させるためのプランを考え競うもので、知り合いの方が実行委員をされていて、私に声をかけてくださったのです。

当時、私は職人さんに出会うため、さまざまな地方に出かけていましたが、まだ徳島には行ったことがありませんでした。

ですから、このお誘いをいただいたときは、「徳島、行ってみたい!」という想いだけで参加を決めました。

コンテストは、東京で選考が行われて二四名に絞られ、徳島の学生たち一二人と一緒になって、計六チームで行われました。

徳島に二泊三日で滞在し、フィールドワークを行い、事前に班で練っておいたプランの実現性を検証。最終日の審査で、六チームから三チームに絞られます。

その後東京で、企画をさらにブラッシュアップしたあと、再び徳島へ行き、プレゼンするという流れです。

友だちと一緒に参加している人も多かったのですが、私は一人で参加したため、徳島でチームを組むことになりました。「神山」「上勝」「商店街」「徳島ラーメン」「LED」「NHK」という六つのジャンルがあり、なぜか「徳島ラーメン」チームに配属。徳島ラーメンを東京に進出させ、地域活性化を図るというのがお題です。

メンバーは男子四人と私の五人チーム。紅一点で、男子にリードされながらついていく私……とはならず、反対に、私が男子四人を引き連れるリーダーのような状況になりました。

誰もが気軽に食べるラーメンに、どうしたら地域の地場産業を取り入れられるか。

さっそく徳島県の地場産業を調べたところ、見つかったのが、本藍染《ほんあいぞめ》職人、矢野藍秀《らんしゅう》さんでした。

本藍染でエプロンやバンダナを作り、それをラーメン店の従業員が身につける。地域の伝統産業を「食」という身近なものと結びつけて発信すれば、多くの人びとの興味関心を惹きつけることができるのではないか。そう閃いたのです。


さっそく矢野さんの工房にうかがい、私はいろいろなことを聞きました。

「原料の藍って何ですか？」

「藍ってどうやって育てるのですか？」

「矢野さんはなんで、藍染を始めたのですか？」

「なんでこの大きな甕《かめ》にいれるのですか？」

「この甕って、なんていう焼き物なのですか？」

とにかく疑問に思ったことはすぐに聞く性分なので、「なぜ、なぜ、なぜ？」のオンパレード。

矢野さんとは、「和える」を立ち上げてからも、長いお付き合いをすることになるのですが、のちに、このときのことを回想して、次のように言われました。

「里佳さんが初めて工房に来たときは、『これ何？　あれ何？　なんで？　どうして？』ってずっと繰り返していたよね。

最近はけっこう若い人も本藍染に興味を持って見に来てくれるようになったけど、里佳さんみたいな子は初めてだった。たいていは、静かに見学をして『へぇ、すごいですね』『カッコイイですね』くらいで終わっちゃうんだけど、なんで、どうして、って追求し続ける若い子は珍しかった」

矢野さんは、当時、四五歳。本藍染をこよなく愛する職人さんでした。

「矢野さん。藍染というと、他の洗濯物に色移りし続けるイメージなんですけど、あれはどうしてなんですか？」

「実は、それは薬品を使った藍染であって、本藍染ではないんだよ」

「ええ、そうなんですか！」

矢野さんの作る本藍染は、江戸時代から続く「天然灰汁発酵建《てんねんあくはっこうだ》て」という製法を取り入れています。これは、藍色を定着させるために必要なアルカリの成分を、堅木でできる木灰で作るのです。

ところが、最近は木灰が手に入りづらくなり、今市場に出回っている約九割の藍染は、木灰の代わりに化学薬品を使って染めていて、本藍染とは別物なのだそうです。

本藍染は薬品を使った藍染よりも二〜三倍、値段が高くなりますが、やはりそれだけのことはあって、抗菌作用・紫外線遮蔽・保温・防虫・防臭効果など、たくさんの良いところがある素晴らしい染物だと教えていただきました。

「本藍染の魅力を知ってもらいたい」という一途な気持ちで仕事をされている矢野さんは、職人気質で、一見、気難しい方のように見られます。

でも、私は矢野さんにお会いして、話をうかがい、おおらかで、面白く、ウィットに富んだ、チャーミングな人だと感じました。


また、工房の写真もたくさん撮らせていただきました。職人さんによっては、工程や原材料を企業秘密にしている方もいらっしゃって、「見てもいいけど、写真は撮らないでね」と言われる方も少なくありません。

ところが、矢野さんは一切隠し事なしで、「どこを撮ってもかまわない」とおっしゃいます。

なぜ技術を隠すことなく、みんなに教えてくださるのか。私が矢野さんとお付き合いして人となりを知ってから、なんとなくその理由がわかったような気がします。

本藍染の技術は、自分個人のものではなく、先人から受け継がれてきたもの。だからこそ、次の世代に隠すことなく、しっかりとすべてを伝えることが大切だと、心からそう思われているのでしょう。

また、矢野さんの飽くなき探究心による技術の高さも素晴らしく、他の人に技術を教えても、矢野さんと同じ境地にいきつくまでには、ものすごい努力と経験が必要であって、そう簡単には真似できない。それが自信となって現れているのではないでしょうか。


矢野さんに質問を投げながら、私の頭の中には、ある考えが浮かんでいました。本藍染の抗菌作用・紫外線遮蔽・保温・防虫・防臭効果という機能性を聞き、

「それって、赤ちゃんの産着にぴったり！」

と思っていたのです。

この偶然の出会いで、点は線になりました。伝統産業と赤ちゃん・子どもをかけあわせることが、ますます確信へと変わっていったのです。

矢野さんとの出会いは、「和える」にとってなくてはならないものになりました。

矢野さんの話をうかがって、本藍染でエプロンとバンダナを作ることを決めた私たちラーメンチームは、ラーメンを入れる器探しをしなければなりません。それを矢野さんに伝えると、

「なら、ちょうどいい人がいる。毎日仕事で使っている藍甕を作ってくれた大谷焼職人の大西義浩さんはどうかな」

と矢野さん自ら、大西さんの工房まで案内してくださいました。

大谷焼というのは、一七八〇年に、九州から旅してきた焼き物職人さんが、大谷村のあたりで病気になり、村の人々が助けたところ、その御礼に轆轤《ろくろ》で大型製造物を作る技術を伝えたことから始まったそうです。

その噂が当時の藩主にまでとどき、藩窯が大谷村に築かれて、阿波ではじめて染付磁器が焼かれることになったという歴史があります。

私はここでも、「大谷焼とは何なのか?」と、その本質を大西さんにひたすら質問し続けました。

大谷焼は、熱い物を入れたときに遠赤外線効果が発揮され、冷めにくいという特徴を持っていると言います。

「まさにラーメンのどんぶりにぴったり！」

その他、徳島のラーメン店にもヒアリングをさせていただきながら、店員が本藍染のエプロンとバンダナをつけ、大谷焼のどんぶりをつかい、徳島県のラーメンでおもてなしする、というプランが完成しました。

コンテストの最終日、私たちの考えた徳島ラーメンと地域の伝統産業を一緒にプロデュースするプランをプレゼンし、決勝戦進出を果たしたのです。

それから約一カ月後。徳島活性化コンテスト決勝戦が行われ、朝一番の飛行機で徳島へ入り、午後から審査員の前でプレゼンをしました。

結果は残念ながら、優勝ではなく奨励賞でしたが、このコンテストのおかげで、徳島の職人さんをはじめ、ラーメン店の方たちとの出会いを通じ、「やっぱり地域に根づいた産業って素敵だな」と、ますますその魅力に取りつかれていったのです。

実はこの本を書いているときに、「あのときの里佳ちゃんたちが考えてくれたアイデアを実現したんだ！」と言って、地域活性化コンテストでお世話になったラーメン屋さん、三八の元さんから、三八オリジナルの大谷焼の器が送られてきました。

あれから約五年、地元の方が実現してくださったのです。本当に嬉しい出来事でした。

神様が背中を押してくれた

「子どもたちに、伝統産業の魅力を伝える仕事がしたい」

この頃になると、だいぶ将来の方向性が見えてきました。

「育児用品の市場と、伝統産業の市場を、掛け合わせたような仕事をしている会社に就職しよう」

ただ、とりあえず大学三年生の夏は、就職活動の一環として、同級生の友だちと同じようにインターンを経験してみることにしました。

一社は、勢いのあるベンチャーの雰囲気を感じてみたい、どんな経営陣なのか会ってみたいという想いから、当時最も勢いのあったＩＴゲーム系の会社。もう一社はもともと伝える仕事がしたかったので、広告という手法を用いて伝えるお仕事に携わっている人々に会ってみたかったという気持ちから、広告系の企業を選びました。

こうして大学三年の夏はインターンの経験をさせてもらい、とても勉強にはなったのですが、やっぱり浮かんでくるのは職人さんたちの顔。

「やっぱり私は、職人さんと仕事がしたいな」

「職人さんのように潔く生きている人の背中を見ながら働きたい」

「職人さんも『里佳ちゃんと仕事がしたい』って言ってくれたし……」

また、担当社員の方からも、

「矢島さんは、うちにこないほうがいいよ」と。

「君みたいに自分の意志を持ってやりたいことが決まっているのなら、それに向けて突き進んだほうがいい。いつか、外部として一緒に仕事をしよう」

この方はそれから数年後、起業した私に本当にお仕事の連絡をしてくださいました。

そこで職人さんたちに、「伝統産業の魅力を伝える仕事がしたい」と伝えると、こんなふうにも言ってくれました。

「僕たちが物を作るから、里佳ちゃんには、僕たちの技術や想い、そして存在をもっと多くの人に伝えてほしい。東京から全国に発信してほしいんだ」

私は物を作れないけれど、作る以外のことはなんでもしよう。職人さんが作り続けられるように、あらゆる面で環境づくりをしよう。

私の進みたい道……。それは、とりあえず働くのではなく、自分の気持ちに素直になり、やりたいことを実現させ、惚れ込んだ職人さんたちと共に歩む道だったのです。


その後、私は「和愛」の活動や、JTBの会報誌の執筆活動などを通して出会うさまざまな大人たちに、「伝統産業と子どもを掛け合わせたようなビジネスをやりたいと思っている」と、積極的に話すようになりました。

そして私は、「『伝統産業×赤ちゃん・子ども』のために仕事をしている会社に就職しよう！」と決め、改めて必死で探しました。

しかし、どんなに探しても出会うことはありませんでした。

「なんでそういう会社がないんだろう」と考え続け、二つの理由に行きつきました。

一　やってみたけれど、ビジネスとして成り立たなかった

二　実は、誰もその可能性に気づいていない

もし一の理由だったら、先人がすでに試して、難しかったということ。相当苦難の道なのだろうと思いました。でも、もし二の理由なら、やってみる価値は大きいのではないだろうか。一と二のどちらなのか。周りの大人に聞いてみることにしました。

「そんなことやっている会社聞いたことないなぁ」

「アイデアは面白いけどね……」

「株式会社ではない形態の方があっているんじゃないの？」

「会社としてやっても利益が上がらないから、ダメダメ」

「学生の甘い考えだよ」

ほとんどの人が否定的でした。どうやら、二の「誰もその可能性に気づいていない」から存在していない、ということがわかってきました。

そんなふうに言われ続けたにもかかわらず、私の中にはこれは絶対ビジネスになるという自信がありました。そのときすでに、今の「和える」の原型のようなものが頭の中に浮かんでいたのです。

そもそも、二〇代の私が伝統産業にこんなに魅力を感じている、ということは、もう一度新しい価値を構築すれば、ものすごい可能性があるはず。それに、先人の知恵がこんなに詰まった産業が消えていくなんてもったいない。もっともっと日常生活に活かしたい。

そうは言うものの、一方で不安もありました。ビジネスとして軌道に乗せて、関わる人みんなが適正な利益を配分され、ご飯を食べられる状態にしないと、職人さんの後継者育成はできません。

私のアイデアは社会で通じるのだろうか。

それとも、一学生の夢見心地のアイデアなのだろうか。

自分がやりたいと思っていることは、ビジネスとしてどういう評価を受けるのだろうか。

ビジネスを経験している大人たちから見て、可能性がないなら、やはりダメなのではないか。

そこで、「ビジネスコンテスト」に出て、ビジネスとしての芽があるのかないのか、多くの人々に必要とされるビジネスになるか否か、見極めてみてはどうかと考えました。

ビジネスコンテストとは、参加者たちが独創性のあるビジネスモデルを提案し、競い合うコンテストのことです。優勝すれば、起業資金をいただけます。

当時は、スタートアップが世の中にどんどん出てきた時代でもあり、起業家を目指す学生も多く、数多くのビジネスコンテストが開催されていたのです。

もし、入賞できなかったら、それはビジネスの芽がないということ。そのときはキッパリとあきらめて、就職活動をしようと決めました。もちろん結果にかまわず起業するという選択肢もありましたが、当時、貯金もほとんどない状態だったので、それは現実的ではありませんでした。

それに、起業家になりたかったわけではなく、日本の伝統産業の魅力を発信したいと思い、その手法として、株式会社という形態にたどり着いただけです。求められていないものを発信しても意味がありません。

「ダメなら、また別の発信の仕方を考えよう」

だからこそ、まずは世の中に必要とされるか否かを問う機会として、ビジネスコンテストに出ようと決めたのです。


最初に出場したのは、日刊工業新聞主催の「キャンパスベンチャーグランプリ」。二〇〇四年から始まったビジネスコンテストで、多くの企業が協賛している、大きなコンテストです。東北エリア、東京エリア、中部エリア、大阪エリア……など、地区ごとでまず予選を勝ち抜いた後、全国大会でさらに競い合います。

法学部政治学科という、ビジネスとは縁もゆかりもない学部で勉強をしていた私にとって、ビジネスプランを作るときに考えなければならないことを学ぶ機会ともなりました。ただ、ビジネスコンテストの準備は、それまでの自分を振りかえるＡＯ入試の準備にも似ていて、あの経験はここでも役に立ちました。

事業計画書を初めて書いたのもこのときです。

私は、第六回大会に出場し「東京産業人クラブ賞」という特別賞をいただきました。「優勝こそできなかったけれど、『伝統産業』と『赤ちゃん・子ども』の二つを組み合わせることで、ビジネスの可能性があると判断されたと思っていいのでは……」

そう考えた私は、別のビジネスコンテストにも挑戦することにしました。

というのも、「キャンパスベンチャーグランプリ」の審査段階で、さまざまな質問をされ、それに答えているうちに、

「書類には○○って書いたけど、私の意図したことと違うふうにとらえられている」「そこはもっと深い意味があったんだけど、そこまで相手には伝わらなかった」など、さまざまな課題も出ていたので、そこを直してもう一度挑戦したいと思ったからです。

それに、審査員の方々からたくさんのアドバイスをいただき、学生のビジネスコンテストに求められていることもわかってきました。

それは、ビジネスにとって重要な数字はもちろんですが、それ以上に「この子ならできる」と可能性を感じていただくことや、若者ならではの視点から生まれる発想が望まれていること。

「ビジネスという観点で、自分のアイデアをブラッシュアップしてみよう。そうしたら、もっと良い結果が出せるかもしれない。もう一度チャレンジしよう！」

そして、東京都と東京都中小企業振興公社が主催する、「学生起業家選手権」に全力で立ち向かいました。二〇〇二年から始まったビジネスコンテストで、こちらも各界から注目されている大きなビジネスコンテストです。

どうしたら、聞いている人に「このビジネスは、自分にとって、社会にとって必要である！」と感じていただけるのか、徹底的に相手の立場に立って考え直しました。与えられた短いプレゼン時間の中で、私のやりたいことに可能性を感じていただけように、一生懸命、プレゼンの内容を整理したのです。

「日本の伝統をなでしこキッズに伝える！」という事業プランで出場し、赤ちゃん用の前掛けを見せながら、すでに商品開発を進めていることもアピールしました。

結局、どんなに数字を並べ立てても、学生ですからどんぐりの背比べです。それであれば、行動力の方が大切なのではないか。そう思い、本藍染職人の矢野さんにお願いして、作っていただいた前掛けです。

こうして二三〇のビジネスプランの中から、最終ステージに残り、なんと最上位賞の優秀賞をいただくことができました。大学三年の二月、就職か起業かを決めなければならない瀬戸際でした。

優秀賞受賞者には、賞金五〇万円と、起業応援金一〇〇万円が贈られます。起業応援金というのは、一年以内に起業をしたら、その資金としていただけるものです。

私のアイデアが認められたことも、とても嬉しかったのですが、使命感に駆られるような気持ちでした。ＡＯ入試の試験直後と同じように、自分の中では最大限までやり切ったので、

「これで優秀賞を取れなかったら、また別の方法を考えよう、もし取れたら、そのときは起業しよう」

と決めていました。自分の中で、これ以上できないと思えるほどやり切ったからこそ、最後の判断は神様に委ねることができたのです。だからこそ、

「神様が『今やりなさい』って背中を押してくれたんだ」

そんなふうに思えてしかたありませんでした。

起業を決めているのに、なんで大学院？

起業応援金一〇〇万円で大学四年生の間に起業をして、大学卒業後は起業家としての道

をまっしぐら！　のはずだったのですが……。

　ある日、「慶應義塾大学湘南藤沢キャンパス（ＳＦＣ）に、飯盛《いさがい》義徳先生という地域活性化やファミリービジネスを研究してる先生がいるよ」とＳＦＣ出身の知人から教えていただきました。

　法学部政治学科では、私のしていたことは全く成績の評価対象にはならなかったのですが、どうやら同じ大学内に、私がやっていることを学問として行っている先生がいらっしゃるというのです。

　その話を聞いて、とても興味が湧きました。

　私はさっそく飯盛先生にメールを打ちました。自分がこれから行おうとしているビジネスについて、そして、飯盛先生の研究にとても興味があるということを、要点をしぼって書き、もしできるならぜひお会いしたい、としたためました。すると、先生から返信があり、お会いできることとなりました。

　同じ慶應義塾大学なのに、一度も足を踏み入れたことのない湘南藤沢キャンパス。大学の最寄り駅まで約一時間、そこからさらにバスに揺られて一五分ほど。ようやくたどり着いたという感覚でした。

「わ、広い！　それに、なにか匂う？」

初めて見る湘南藤沢キャンパスは、都心にある三田キャンパスとはひと味違いました。どこからともなく、動物の匂いが漂ってきます。学生もあまり着飾った感じではなく、シンプルでラフな感じの洋服の人が多い。

同じ大学でも、キャンパスによってこんなに雰囲気が違うんだなと思いました。

飯盛先生がいらっしゃる研究棟を探し、先生の研究室を見つけました。

「ここだ！　どんな先生なんだろう。楽しみだな」

そう思いながら、ノックをして研究室に足を踏み入れました。初めてお会いした飯盛先生は、とても素敵な丸メガネをかけていらっしゃいました。そして部屋にはエキゾチックな香りがほんのりと漂っています。知的で独特な雰囲気をお持ちの先生、というのが第一印象でした。

私は先生に、これまで自分がやってきたこと、そしてビジネスコンテストで優勝したこと、起業をしようと思っていることなどを駆け足で説明しました。

「君のやっていることは、とても素晴らしい！」

先生は目を輝かせて、興味を持ってくださったのです。

「大学の先生が、私のやっている個人的な活動に興味を持ってくださっている！」

と、うれしい気持ちでいっぱいになりました。すると、

「実は、大学院に社会イノベータコースというのができたばっかりなんだ。よかったら入ってみない？　君にぴったりだと思うよ」

と勧めてくださったのです。

社会イノベータコースとは、個人の利益と社会の利益、個益・公益の双方を追求できるように社会を変革する人材を育成するためのコースで、地域社会の再生などについても学ぶことができます。

私が手掛けようとしているビジネスにとって、それを学ぶことは大きなプラスになるはずと直感的に思いました。

「面白そう！　大学院で学びたい」

けれど、ひとつ大きな問題がありました。それは、学費について。

私は大学二年生以降、奨学金を借りて学費を払っています。もし、大学院に行くとしたら、さらに奨学金を借りなければなりません。大学と大学院の学費をあわせて、多額の借金を背負うことになるのです。しかも、卒業後も就職ではなく起業するので、安定収入は約束されていません。

本当にビジネスとして成り立つのか未知数の事業に取り組みながら、毎月けっこうな額

を返済していけるだろうか……。

それはとても不安でした。

家に帰り、社会イノベータコースについて、いろいろと調べてみました。調べれば調べるほど、今の私にぴったり。「本当に意味のある投資なら、必ず後からお金はついてくるはず！」ということで、お金のことは置いておいて、試験を受けることにしました。

大学院の試験は、大学四年生の五月にあります。推薦書の一枚は、大学時代にリサイクル着物を学生が販売するイベントの企画運営を一緒にさせていただいた、リサイクル着物ショップ「たんす屋」の社長さんにお願いできました。


大学院を受験すると決意してから受験までの約二カ月間、入試準備で慌ただしくなりました。大学院の入試は、論文、面接、研究計画書があります。

面接に関しては、これまでもビジネスコンテストなどで大勢の前で公開プレゼンをしたり、講演会に登壇させていただいたりしているので、自信はありました。

小論文についても、大学時代に「書く」お仕事をたくさんさせていただいていたので、なんとかなると思いました。

しかし、研究計画書の作成は、そう簡単にはいきません。ビジネスや実践という視点で物事を見ることは慣れていましたが、「研究」と言われると、その意味や概念がよくわからず、いったい何の計画について書けばいいのか……最初からつまずいてしまったのです。そこで、飯盛先生に正直にそれをお伝えしたら、研究とは何か、大学院で学ぶことの意義や可能性など、大きな視点でのお話をしていただきました。

また運よく、同じような問題意識をもっている先生の教え子の方に出会い、書き方などのご意見をうかがう機会を頂戴し、まだ入学する前から、たくさんの応援をしていただきました。そして、なんとか自分の力で納得できる研究計画書が完成。

迎えた大学院の試験当日。

名前を呼ばれて面接室に入りました。

「きみは、起業を決めているのに、なんで大学院にくるの？」

「私は、学生起業家選手権というビジネスコンテストで優秀賞をいただき、起業を決意しました。ＳＦＣは理論と実学をテーマにされていますが、起業しながら社会イノベータコースを受けることによって、まさに理論と実学を地で行き、自分のビジネスを理論的にも検証したいと思ったからです。それは、ＳＦＣのテーマにぴったりだとも思うのです」

そして合格発表の日がきました。

見事合格。なんだか導かれるように大学院への進学が決まると同時に、起業への準備が始まったのです。

社名は「和える」に決定！

起業家の方々から「社名を何にするかで悩みました」という話をよく聞きます。でも、私の場合、まったく悩むことがなく、スッと天から降りてきた感じでした。

社名である「和える」には、さまざまな意味と想いが込められています。

「古き良き日本の伝統の本質を見極め、しっかりと受け継ぎ、手を入れながら、現代の私たちの生活に合ったものを作りたい」

「伝統産業の本質と、今、私たちが求めている本質を掛け合わせて、新しい価値を生み出したい」

「人や物との素敵な出逢いを生み出し、次世代に日本の伝統をつないでいきたい」

実はこの「和える」という言葉は、まだ私が起業の「き」の字も考えていない二〇歳くらいのときに出会った、飯島さんという方からいただいたものです。

飯島さんは当時六〇歳前後くらいだったかと思います。いろんなことをプロデュースされている方ということくらいしかわかりませんでしたが、私は飯島さんと話をするのが大好きでした。私がやりたいこと、やろうとしていること、「和える」の原型となるようなアイデア段階の話をよくさせていただきました。

ある日、飯島さんとお話をしていると、

「里佳ちゃんにあげたい名前がある」

「名前……ですか？」

「僕が人生の中でずっと温めてきた名前だけど、今後、この名前を使うことはないと思う。だから、君にあげたい。きっと里佳ちゃんがやろうとしていることを体現する名前になると思う。いつか使うことがあったら、使ってほしい」

そう言って、「和える」という名前を私に贈ってくださったのです。当時二〇歳そこそこの私にはまだ、この名前の意味を深く理解出来ていませんでした。

けれども、とても耳に心地よく、心の奥底で共鳴するような感覚だったことは覚えています。

「とっても素敵な名前。いつか使う日が来るのかな？」

ただ、それからずっと「和える」という言葉は忘れていたのですが、会社を立ち上げると決めたときに、ふと降りてきたのです。

「社名は『和える』だ！　『和える』が生まれるんだ！　これしかない！」

私の中で眠っていた「和える」の心臓が、どくんどくんと動き出すのを感じました。そして、小さく、でもしっかりと力強く呼吸を始めました。

なんの迷いもなく、社名は「和える」に決まりました。


「和える」はよく、「わえる」などと読み間違えられてしまいます。

「あえる」が正しい読み方です。決して当て字ではありません。ごま和えの「和え」です。最近はあまり使われず、この言葉の意味を考える機会もなくなってしまったので、読めない方が増えているのだと思います。

また、「和える」と「混ぜる」は、比較的近い意味として捉えられがちですが、同一のものではありません。「混ぜる」は、異なる素材同士が混ざり合って、別のものが生まれること。

けれども「和える」は、異素材同士が互いの魅力を引き出し合いながら一つになることで、より魅力的な新たなものが生まれるのです。

「和える」ことで、単体以上の良さが生まれる。この言葉を生み出した先人って本当にすごいなといつも感じています。まさに私のやりたかったことが、この一語に集約されているのです。

「日本の古き良き先人の知恵と、今を生きる私たちの感性を和える」

「『和える』ことで、心豊かになるようなホンモノを、二一世紀の子どもたちの手に届けたい」

これが社名の由来であり、「和える」が生まれた使命でもある。そんなことを考えながら、二〇一一年三月末までという、起業応援金をいただける期日に向けて、少しずつ準備を進めていったのです。

第三章

「和える」最大の危機

東日本大震災の中で産声をあげた「和える」

二〇一一年三月一六日、「株式会社　和える」が誕生しました。あの東日本大震災から五日後のことです。

道路脇の崩れかけた塀、盛り上がったアスファルト、運休が目立つ電車、相変わらず揺れ続ける余震……そんな状況の中、なんとか家から法務局に到着し、登記申請を行いました。

法人設立にはたくさんの書類が必要です。そのため、行政書士などその道の専門家に頼んで会社の設立をお願いするのが一般的です。

ですが、当時大学四年生の私は、専門家にお願いするお金を持ち合わせていませんでした。そこで、お金はないけれど、時間はある学生起業家らしく、自分で準備して設立しようと考え、専門家の手を借りずに、自分で登記申請しました。知り合いに手伝っていただいたり、法務局の相談員の方に書類の書き方を聞いたりしながら、なんとか提出する書類を作り上げました。

大震災の影響で法務局も混乱しているかと思いましたが、意外にも普通に通常業務が行われていて、「こんなときでも、ちゃんと社会は回っているんだ」と、感心したものです。

窓口で書類を無事に申請し、後日、受理され、申請した三月一六日が、「和える」の誕生日になりました。

この話をすると、多くの人に、

「なんで、わざわざ震災の直後に設立したの？」

と聞かれます。

もちろん、ビジネスコンテストの起業応援金をいただけるタイムリミットが近づいていたということもあります。けれど、生まれてくる赤ちゃんに、「ちょっと生まれるの待って！」という方が無茶なことではないでしょうか。おなかの中の赤ちゃんが、震災が起きたからといって生まれてくる日を待ってくれるわけではないように、ごく自然なことだったのです。

震災があってもなくても、この日に「和える」は生まれることになっていたのです。

このようにスタートを切ったわけですが、私の中には、「『和える』はこれからの時代、より必要とされる子になるはず」という確信がありました。

私たち人間はこれまで、経済的豊かさを手に入れるための消費に必死になり、自然界の生態系との調和や、自分たちの心の豊かさを、一度置いてこざるをえなかったのだと思います。でも、そろそろ限界がやってきているのだと思うのです。

「これからは、自然と共存し寄り添いながら生きてきた先人たちの知恵を見習い、それを現代にどう取り入れていくかが大切なのではないか」

そう考えるようになった人が増えてきていると思います。その人たちのためにも、「和える」は生まれなければならなかったのです。

震災後、

「大変なときに起業したね」

「これからは物が売れないよ」

「日本はますます衰退していく」

という人もいましたが、私にはしっかりと一筋の光が見えていました。

法学部政治学科で学んでよかったこと。それは、法人格とは、一人の「人」格であると学べたことです。

私たちは、みな、一人ひとり、人として権利や義務があります。同じように「法人」も、権利・義務の主体になれると、法律上明記されているのです。ですから、会社という組織も「人」であり、私たちと同じように「人格」を有しているのです。

つまり、会社を立ち上げたということは、赤ちゃんを産んだのと同じ。私は「和える君」のママなのです。しかも、共同経営者もなく、たった一人で「和える君」を産み出した、シングルマザーなのです。

私は、一人で和える君を産み出してよかったと思っています。もし、何人かの共同経営者や株主たちの協力があって生まれていたとしたら、

「和える、もっと早くお金を稼ぎなさい」

「商品数を増やそう。こんな商品も出したらどうだ？」

「夢や希望を持つのはいいけど、好きなことだけではだめだ。現実はそんなに甘くないんだよ」

と、様々な方向から横槍を入れられてもしかたありません。

そうなると、和える君は精神分裂を起こして、「いったい、僕はなんのために生まれてきたんだろう……」と頭を抱えてしまいます。

実際、何人かで一緒に起業をしたものの、方向性が決まらず崩壊していくベンチャー企

業をいくつも見てきたので、「和える」の産みの親は私一人だけと決めていました。

私にとって、和える君は息子のような存在ですから、特に幼少期は「やりたいこと」だけを考えられる環境の中で育てたかったのです。そのためには、どんなに大変でも私一人で産むことが大切でした。

無知の勇気で漕ぎ出したいかだ

こうして、大学卒業を目前に控えた大学四年生の三月、私は起業家としての道を歩み始めることになりました。

でも、そのときはまだ、起業家としての心構えができていたわけではありません。

「わ、本当に会社を立ち上げちゃったよ。さあ、これからどうしよう……」

やりたいことやビジョン、熱い想いは人一倍あるけれど、さて、どうやって実現すればいいのか、その手立てはまだ何も持っていないまま、会社を立ち上げてしまった、というのが正直なところ。

小さないかだで大海原に漕ぎ出してしまった。大波が襲ってきたら一遍に転覆してしまう。そんな状況でした。

今、その頃の自分に声をかけてあげるとすれば、一言。

「無知の勇気だね」

中途半端にいろいろなことを知っていると不安しか生まれませんが、知らないからこそやり遂げてしまう。そんな状態だったと思います。

会社を立ち上げて間もなく、大学院に入学。それと同時に、一人暮らしを始めました。自分で勝手に会社を立ち上げ、なおかつ、大学院にも行くのだから、これで実家にいたら、ただの道楽娘になってしまいます。

もし、大学院に行かず、普通に就職していれば、毎月入るお給料で親に迷惑をかけずに生きていけるでしょう。

でも、その選択肢を捨て、お金を稼げるかどうかもわからない会社を立ち上げ、一定収入がないからといって実家でご飯を食べさせてもらうようでは、ダメだと思いました。

「やりたいことをやるのだから、自分のことくらい自分で養う」

というのが私の最低条件でした。

そう考えて家を出たものの、これがけっこうきついと知ったのは、実際に一人暮らしを始めてから。奨学金をもらっているとはいっても、家賃も光熱費も会社運営費も学費も、全部自分で稼がなければならないため、常にお金がなくカツカツの状態でした。

会社を設立したとはいえ、まだ売る商品がないので、収入はゼロ。この間、会社を存続させることができたのは、学生時代から続けていた執筆活動と講演活動のおかげでした。

執筆活動のほうは、三年間続いたJTB西日本の会報誌「栞」での連載が終了し、新たに連載させていただける雑誌を探し始めました。

それまで書いた記事を持って、周りの方々に

「こんな連載をしたいのですが、どこかやらせてくださる雑誌はないでしょうか？」

と聞いて回りました。すると、私の講演を聞いてくださったことをきっかけに仲良くなった方の紹介で「週刊朝日」で「なでしこりかの至福の一品」という連載を持つことに。

ここでも、職人さんを取材しながら、日本の伝統産業品を紹介する連載を一ページ、任せていただけたのです。

講演活動も続け、若者の起業のこと、日本の伝統産業のこと、矢島里佳のことなど、いろんな話をしました。もちろんお仕事をいただけるだけでありがたかったのですが、「会

社にした意味が本当にあったのかな」と思うほど、「和える」ではなく「矢島里佳」に仕事の依頼が来ていました。

また、大学の先輩が心配してくれて、

「里佳ちゃん、大丈夫？　うちでホームページの更新とか手伝わない？　アルバイト代、出せるよ。その仕事が終わったら、うちで里佳ちゃんの会社の仕事をしてもらってもいいから」

と温かい言葉をいただき、先輩の会社を事務所として使わせていただいた時期もありました。

お金がない時期に一番大きな収入となったのは、経済産業省の「クールジャパン戦略推進事業」のビジネスコーディネーターのお仕事でした。パリや中国の富裕層に向けて、日本の伝統産業をＰＲするというものです。

高い技術を持った若手の職人さんがどこにいるのか、情報があまりなかったらしく、私に白羽の矢が立ちました。そのプロジェクトを受託していた方が、私が大学二年生のときに、経済産業省の「地域魅力発見バスツアー」という企画のレポーター役をしていたことを思い出し、声をかけてくださったのです。

「里佳ちゃん、最近、会社立ち上げたんだよね。職人さんとのつながりを活かした仕事、やらない？」

「ぜひお願いします！　若手の職人さんの魅力的な商品を、世界の人々に紹介したいです」

約三カ月間、日本国内、中国、フランスを飛び回りました。

このように、ありがたいお誘いをいくつもいただき、なんとか創業時の厳しい時期を、たくさんの方々のおかげでしのげたばかりか、さらに多くの学びの機会を、実践の場でいただくことができたのです。

社会のみんなに一緒に子育てしてもらおう

「美しいものを見たり、触れたりすると、心地よく感じるのはなぜだろう？」

私は疑問を持っていました。

そして、いろいろな論文や育児書などを読み、幼少期の脳の発達や、事例などを調べていくうちにわかったこと。それは諸説ありますが、子どもの頃、とくに〇歳から三歳くらいままでの間に急カーブで発達していくこと、また、幼少期は感受性が豊かで、何でも吸収していくこと。まさに、「三つ子の魂百まで」なのです。

また、小学校に入ると、子どもは友だちや学校の影響を大きく受けるようになります。ものを選ぶときも、次第に「友だちが持っているから、自分もほしい」という発想に変わっていきます。

でも、未就学児であれば、何に触れさせるかをある程度、両親が選択できるはずです。幼少期に何を見て、聞いて、触って、経験するかで、子どもの感性は変わる。そこに気づいた大人が、「和える」に興味を持ってくれたら……と思いました。

そこで、「日本の伝統産業で育児用品を作る」ために立ち上げた「和える」ですが、さらに焦点をしぼって、「0から6歳の未就学児」向けブランドにしてはどうかと考えました。

これから二一世紀を生きていく子どもたちが、ホンモノに触れられる環境をつくるお手伝いができたら、美しいものを美しいと自ら判断できる人を育てることができるのではないか。

そのためには、幼少期から日本のホンモノに触れられる機会を創出することが大切。

さらに、子どもの誕生を通して、両親がもう一度、自国の文化や産業に目を向ける機会を生み出すことで、日本人がもう一度、自国の伝統を知ることができる、好循環を生み出すことができるのではないか。

子どものために良いものを選び、同時に、それを与えた大人も伝統産業の魅力に気がついていく。そんな循環を生み出せたら……。

私の中でイメージはどんどん膨らんでいきました。自分の直感を信じよう——なんの根拠もありませんが、私は直感を信じ、それを徐々に言語化し、人に説明できるところまで落とし込めたら、その直感は進むべき道と考えています。

こうして、「株式会社　和える」のオリジナルのブランドは「0から6歳向け」というコンセプトに決まりました。

あとはしっかりと育てなければなりません。

「でも、私一人では、産むことはできても、育てられない。どうしよう？」

そこで自分自身の幼少期のことを振り返ってみました。私の母はリトミック教室を運営していましたが、自宅を事務所や教室にしていたため、常に多くの大人が周りにいました。

私はそんな中で絵を描いて遊んでいたり、おままごとをしていたり、たくさんの習い事をしていろいろな大人たちに面倒を見てもらったり、近所のお姉さんに遊んでもらったり、母が仕事で忙しいときは友だちの家で夕飯を食べさせてもらったりしながら、育ってきました。

そこには、両親からだけでは受けることのできない、たくさんの刺激があったように思います。

一般的にも、両親だけに育てられるより、おじいちゃん、おばあちゃん、親戚、ご近所さん、幼稚園の先生……とさまざまな大人たち、つまり社会に育てられるほうが、社会性が育つと言われています。

「和える君も社会のみんなに一緒に子育てしてもらおう！」

そう決めた私は、起業してからの一年間、そのほとんどの時間を、一緒に和える君の子育てをしてくれる仲間探しに費やしました。

和える君をこれから立派に育ててくれる人たちを見つけなければなりません。とにかくさまざまな人の手を借りる必要があるのです。

ただ、誰でもいいわけではありません。「和える」には、「0から6歳の子どもたちに、日本の伝統産業の魅力や確かな技術を伝えていきたい」という明確なコンセプトがあります。その想いをしっかり理解してくれたうえで、それぞれのスキルを活かして和える君を立派に育てたい、と考えてくれる仲間が必要なのです。

なかでも、「和える」にとってなくてはならない存在、それはデザイナー。「和える」の想いをちゃんと形にしてくれるデザイナーが、どうしても必要だったのです。

デザイナー探しには、とても慎重になりました。なぜなら、アーティストではなく、職人的なデザイナーでなければならなかったからです。

アーティストというのは、自分の作りたいもの、表現したいものを作る人。

一方、職人というのは、オーダー主の想いを汲んだうえで、その想い以上のものを出してくださる人という定義が、私の中にあります。

起業をしてから、何人かのデザイナーにお会いしましたが、なかなか職人的デザイナーにお会いすることはできませんでした。

そんな状況だったので、私の中では、なかばあきらめの気持でいっぱいでした。

「この世の中には、職人的デザイナーなんていないんじゃないか……」

デザイナーとの出会い

そう思っていたときに、ついに職人的デザイナーと出会えたのです。

それが、現在、「和える」のデザインパートナーでもあるNOSIGNER代表の太刀川英輔さん。起業して間もなく、二〇一一年六月に開催された起業家の会合で出会いました。太刀川さんは、会合の休憩中にいきなり話しかけてくださいました。

「君、矢島里佳さんでしょ？　僕、君のこと知ってる！」

「え？　なんで知ってるんですか？」

「なんで知ってるのか覚えてないけど、なんか知ってる（笑）。多分、ブログを見たことがあるんだと思う」

話をしていくと、彼はデザイナーであることがわかりました。当時、私は「日経デザイン」というデザインの専門誌が好きで、年間購読をしていたのですが、その中に載っていた栃木県の地場産業「かんぴょううどん」のパッケージが印象的で、その話をしたところ、

「あのパッケージ、すごく素敵ですよね」

「あ、それ、僕がデザインしたんだよ。」

「えっ！　太刀川さんが、あのデザインをしたの!?　じゃあ、かんぴょううどんのお兄さんだね！（確かに、かんぴょううどんと太刀川さんの口元が似てる！　やっぱり、作品は

作者に似るのね！）」

かんぴょううどんとは、小麦粉とかんぴょうの粉末を配合した乾麺のうどんです。パッケージが評判でものすごく売れるようになり、なんとその年の食品パッケージデザイン世界一に贈られる「ペントアワード・プラチナ賞」に選ばれた、日本の地場産業のデザインを代表するものです。

かんぴょうの実をイメージした癒し系の可愛いキャラクターはとても印象的で、デザインを工夫するだけで地場産業も注目されることに感動を覚えたのです。

お互いに間接的に知っていたという偶然にも驚き、それから太刀川さんに、「和える」について、これからやりたいことについて、美しいデザインとはどんなものかについて、さまざまなことを語りました。

会合の途中の休憩時間だったのですが、二人で話をするほうがずっと実りがある。そう思い、銀座のデパートに入っている、日本の素晴らしいものばかりを集めたセレクトショップに行き、お互いが思う「美しいもののすり合わせ」をしました。

「このお玉、どう思う？」

「なんか人間臭い感じがする」

「なんでそう思う？」

「うーん、工業製品のはずなのに、完璧でなくて、ちょっとゆるくていい感じ……」

こんなふうに、何が美しいと感じるのか、デザインを見て自分が感じたことを言語化していきました。その後もたまに連絡を取り合い、太刀川さんは仕事がとても忙しかったのですが、美しいものを見ては、デザインについて語りあっていました。

太刀川さんは私よりも七歳年上ですが、話せば話すほど、不思議なくらい私とよく似ている感性を持っています。物事の捉え方、考え方がよく似ているせいか、鏡のような存在に感じることもあります。


太刀川さんに、良いデザイナーにめぐり合えなくて困っている、という話をすると、

「なら、僕がやろうか？」

と言ってくださいました。でも、その当時の私は、まだ太刀川さんにお願いはできませんでした。彼にお願いするまでに「和える」は至ってないと思ったからです。

実際、彼はとても売れっ子で忙しく、海外のデザイン賞も多数とっているような有名人でした。この時点では、私はそこまでのことはわかっていなかったのですが、ただなんとなく、「このかんぴょううどんのお兄さんは忙しそうだし、半端に巻き込んじゃいけない」そう思いました。

私は、自分も幸せ、相手も幸せ、周りも幸せ、という「三方良し」が成立しないと、誰かに物事を頼めない性分なのです。

当時の「和える」の状態では、商品を太刀川さんにデザインしていただいても、太刀川さんがどんな幸せな状態になるのかをイメージできませんでした。

ただ、いつか一緒に仕事をする日が来るかもしれない……。漠然とですが、そんなふうに考えていました。

こうして、太刀川さんに正式に仕事をお願いできるようになるまで、私は「和える」を確かなものにしようと、さらに仲間探しを続けていったのです。

「和える」にとっての「ホンモノ」とは？

大学院一年生の六月頃から、私を大学院に誘ってくださった恩師、飯盛先生の元、先生の受け持つ地域活性化関係の授業で、ＴＡ（ティーチングアシスタント）をさせていただくようになりました。

TAとは、先生のアシスタント、サポート役として、授業に一緒に同行するお仕事です。飯盛先生の授業は、講義だけではありません。年に数回、起業家の方を講師として招き、話を聞きながら全員でディスカッションして、先生がいろいろと解説をするという独特なスタイルでした。

ある日、外部講師として登壇が決まっていた学生起業家の方が高熱を出し、講義ができなくなったという連絡が入ったのです。

飯盛先生は、私にこう声をかけてくださいました。

「突然なんだけど、明日、TAじゃなくて、起業家として講演してみない？　僕もちゃんと対応するので、心配しないで大丈夫だよ」

「え、明日ですか？」

「そう。きっとみんな、矢島さんの活動に関心をもってくれると思うんだ。もし、仲間とか集めたければ、そのときに声をかけてもいいよ」

「はい、わかりました！」

私は二つ返事で、引き受けました。SFCは、学生に実践や発表の機会を存分に与えてくれて、応援してくれる大学でした。

そして、翌日、私が代わりの講師となり、「和える」のこと、今からやろうとしていることを、学部生に向けて話したのです。

「このようなことをしているのですが、私一人でやっています。もし一緒にやりたい人がいたら、ぜひ来てください」

こう学生に呼びかけて授業を終えると、なんと七人の学生が来てくれたのです。彼らはいわゆるインターン生として、「和える」で働いてくれることになりました。

ところが、何でも一人でやってきた私は、会社に人は集まったけれど、どんなふうに仕事を手伝ってもらえばいいかわからず、手探り状態。

そこで私はいつも彼らに、

「あなたが将来したいことは何?」

と聞き、なるべくその子が今後やりたいことに役立つ仕事をお願いするようにしました。貴重な時間を提供してもらっているのですから、それぞれのやりたいことと合致するような仕事をお願いするのが一番良いと思ったのです。三方良しの関係にならなければ、「和える」でインターンをする意味がありません。

こうして、試行錯誤をしながらも、インターン生に具体的な課題を与え、毎週一回集まる時間を持つようにしました。

けれど、そのうち一人こなくなり、二人こなくなり、どんどん人が抜けていって、最後に残ったのが、環境情報学部の小林百絵ちゃんでした。

彼女は、「やりたいことは何？」と聞いて答えられない学生も多い中、やりたいことが明確だったのです。

出会った当時、百絵ちゃんは大学二年生でしたが、母性あふれる大人びた雰囲気を持っており、二八歳くらいに見えました。二人で歩いていると、たいていは彼女が社長で、私が部下だと間違われます。

彼女は、飯盛先生の授業で講師役を務めた私のスピーチを聞いて、「ようやく会社を立ち上げて、子どもたちのために伝統ブランドを作りたいという想いは伝わってきたけど、まだ商品もないのに大丈夫かな？」

と思っていたようです。

ブランディングの勉強をしたいと考えていた百絵ちゃんは、そんな私を見て、「なんとかしてあげたい」「一緒にブランドを作ってみたい」と決めたそうです。

彼女は自分のことを、ブランドコーディネーター、後にブランドシッターと命名しました。赤ちゃんにベビーシッターがいるように、ブランドにもブランドシッターがいてもいいのではないか、という発想からでした。

百絵ちゃんと大学院の友人たちとで、宮崎県で合宿をしたこともあります。

合宿費用は、宮崎で職人さんとディスカッションをしながら商品開発を行いたいというプランを立てて大学の研究費助成金を申請し、そのお金を充てることに。合宿先で、私たちはとことん話し合いました。

「『和える』にとって、『本物』ってなんだろう?」

みんなの答えはバラバラです。本物という言葉はとても難しく、人によって、全くその概念は異なります。そこで、とことん「本物」について討論しました。

日常だといろいろな仕事や用事があり、タイムリミットが来てしまうので、本質を議論するまでにはなかなか到達しないのですが、合宿中は時間を気にせず、答えが見つかるまで話し合いができました。

討論をし続けた結果、

「『本』当に子どもたちに贈りたい日本の『物』＝和えるにとっての『ホンモノ』」

これは今も会社の指針となっています。

これから子どもに本当に贈りたいものかどうかを見極める基準となるもの。そのためにも、私たちは本物を見極める目利きにならなければならない。それが明確になりました。

こうして初期から和える君を可愛がってくれた百絵ちゃんも、二〇一四年から大学院へ進学。「和える」を卒業して、自分の道を歩み始めています。

「好きなことは何？」

「やりたいことは何？」

これは、私がずっと自分に問いかけてきた言葉です。気が付けば、インターン生にまで問いかけていました。その結果、本当に好きなことを見つけて、その道を極めるほどにまで、能力を開花させた彼女。

私は直接的には何も教えることはできないけれど、その子のために機会や環境を創出することが、若い人には何よりも大切なのだと学ばせてもらいました。

会社って人間の子どもと同じだな

会社を設立して、これはどうあがいても私には無理だと思ったことがあります。「決算」です。

会社員でない限り、報酬を得たら一年ごとに税務署に申告をしなければなりません。大学時代、個人事業主のときは父に頼りながら、なんとか確定申告をしていましたが、法人の決算となると、複雑すぎて、税理士さん探しをすることになりました。

ただし、税理士さんなら誰でもいいというわけではありません。やっぱり和える君を可愛がりながらも、厳しく見守ってくれる人でなければダメなのです。和える君は、まっすぐ素直な子に育ってほしい。だからこそ、決算はしっかり行わなければなりません。

そこで、周囲の方に、

「正義感が強くて、素敵な税理士さんはいませんか？」

と聞いて回りました。

その甲斐あり、二人の税理士さんを紹介していただきました。

一人目にお会いしたのが、今の税理士さんでもある林功司さんです。二人目の方もとても良い方でした。

条件の提示をしていただいたところ、これまた同じ条件を提示してきたのです。

それなら最初に出会った林さんとのご縁を大事にしよう。そして、林さんもちょうど税理士として独立する時期だったので、共感し合えるのではないかと思い、林さんにお願いすることになりました。

お互い起業したてだったので苦しくもあったのですが、売り上げが増えたら報酬も増やす、という段階方式にしていただきました。

この方式だと、「和える」が利益を生み出さないと、林さんにも利益が生まれません。だからこそ、お互いに発展していくようにがんばれると思います。


「和える」は私がたった一人で立ち上げた、資金もほとんどない小さな企業です。大企業のように初期費用をドンと出せない苦しさがあります。

でも、だからといって、素晴らしい人とお仕事ができないわけではありません。

「和える」に仕事で深く関わる方々には、

「和える君はなぜ生まれたのか」

「どういう子に育っていってほしいのか」

「和える君が成長することで社会にどんな影響が生まれるのか」

などをお話します。そして、心からその取り組みに共感し、理解してくれる人としか一緒にお仕事をしないと決めています。

これは、私が起業してから今でもずっと変わらない考えです。

「和える」がどうなるのかわからない中、『和える』が発展することを信じているよ」と思ってくださる人が、一緒に仕事をしてくださっています。

私もその気持ちが痛いほどよくわかるので、「信じてくれているんだから、がんばらなきゃ」と、身が引きしまります。

たくさんの方たちが、未知数の和える君の子育てに参加し、決して高い報酬ではないけれど、和える君が成長したら、その分、その方たちも報酬を手にする……。そして、老後は面倒を見てね（笑）、と期待してくださっているのです。

そんなパートナーたちと出会い、私はつくづく、「法人って人間の子どもと一緒だな」と思いました。

人間は、なぜ何もできない赤ちゃんの面倒をみるのか。

そこには、無償の愛があります。その子が生まれた喜び、愛しさ……それだけで、可愛くて仕方がなく、自然と可愛がるのだと思うのです。

和える君はたくさんの方々に愛していただき、少しずつ成長し始めました。

「aeru」第一弾の商品ができるまで

こうして「和える」の仲間探しをしながら、同時に、商品開発も行っていきました。0から6歳の子どものためのブランドなので、ブランド名は英語の小文字で「aeru」とし、商品第一弾となるものも考えていきました。

実は、私の中にはずっと前から、第一弾の商品について、ある程度の方向性が決まっていました。それは、大学三年生のときに出場した「徳島の地域活性化コンテスト」で本藍染職人の矢野さんと出会って、本藍染の効果を聞いたときに、ひらめきました。

薬品を使わずに染めた本藍染は、紫外線をカットしたり、抗菌作用に優れていたり、防虫効果があったりと、とにかく子どもの敏感な肌にぴったりの染物です。

本藍染は通常、呉服を染めることが主です。ですが、呉服は中に襦袢を着るので、直接肌に本藍染の生地が触れることはありません。意匠性にのみ注目が集まり、本藍染が使われているとしたらもったいない。そう思っていました。

実は、矢野さんとは、「徳島の地域活性化コンテスト」の後もときどき連絡を取り合い、子どものために本藍染めの本質を活かしてものづくりができないだろうか、という話をしていました。

矢野さんは、私の話に根気よく付き合ってくださり、

「なんでも染めてあげるから、里佳さんの好きな生地を送っておいで」

と言ってくださいました。

私は、矢野さんのお言葉に甘えて、さまざまな生地素材を送らせていただきました。

その中で、とても良い素材が見つかりました。オーガニックコットンです。染める技術は必要ですが、色がとても綺麗に出て、染まりも良いとわかったのです。

矢野さんも、オーガニックコットンを染めたのは初めてだったそうですが、その染まり具合に満足されていました。


そうしたやりとりを何度か繰り返しながら、オーガニックコットンの前掛け、産着、タオル、靴下など、さまざまなベビー用品を矢野さんに送りました。矢野さんは時間を見つけて、染めておいてくださるのです。

こうして矢野さんと出会ってから約三年の間、ゆるやかにやりとりをさせていただく中で、赤ちゃんや子どもたちのために、職人さんとものづくりをしたいという気持ち、そして商品の具体的なイメージも固まっていったのです。

「ａｅｒｕ」の最初の商品を、『出産祝いセット』と決めたのは、「『日本に生まれてきてくれてありがとう』という気持ちを込めて、まずは日本のもので赤ちゃんをお出迎えしたい」という「ａｅｒｕ」の想いの結晶だからです。

今の世の中は、いろいろな化学物質に囲まれています。そんな中で、生まれたばかりの赤ちゃんを、肌に優しい本藍染の産着でお出迎えしてあげたい。自然に近い状態のものに触れて育ってほしい。それは、きっと子どもの五感を刺激し、感性を磨くお手伝いになるはず。

そんな発想から生まれたのが、「ａｅｒｕ」の第一弾商品、赤ちゃんの産着、フェイスタオル、靴下の三点が入った『徳島県から 本藍染の 出産祝いセット』だったのです。

「和える」で採用した赤ちゃんの産着は、とてもシンプルで、特別な装飾も、変わったデザインもありません。それよりも、抗菌作用、紫外線遮蔽《しゃへい》、防虫・防臭効果、保温性が良くて、赤ちゃんの肌を守るのに優れているという本藍染の特徴を前面に押し出したいと考えたのです。

それ以外にもこだわりがあります。産着を合わせる部分を、簡単にとめられるマジックテープやスナップではなく、紐にした点です。

産着の紐は片手では結べません。お父さんやお母さんが赤ちゃんとしっかり向き合って、表情や身体を観察しながら結ぶことで、赤ちゃんの小さな変化や成長を感じてほしい……そんな願いも込めているのです。


こうして、産着のデザインが決まり、少しずつ形になりかけた頃、矢野さんがこう切り出しました。

「オーガニックコットンで赤ちゃんの商品を染める仕事は、里佳さんの会社以外とはやらないことに決めたから」

「え？　どうしてですか？」

「せっかくの里佳さんのアイデアが真似されるのはよくないから、他社では染めないことにしたよ」

感動と嬉しさで胸がいっぱいになりました。

それと同時に、「私がこの商品を世の中にしっかり伝えて、子どもたちに届けていかないと、矢野さんは一生、オーガニックコットンを染められなくなってしまうんだ」という、責任感も芽生えました。

こうして、出産祝いセットは桐箱におさめられ、商品として完成するまで、後一歩のところまで近づいたのです。

「和える」のロゴの意味

「和える」のコンセプトがどんどん固まり、第一弾も見えてきた二〇一二年二月頃、私はデザイナーの太刀川さんに、正式に仕事をお願いすることにしました。

太刀川さんに出会ったときは、まだ彼と仕事をするまでに「和える」は至っていないと思っていましたが、起業してから一年弱、「和える」の土台作りをしてきたことで、今ならビジネスパートナーとして堂々とお仕事をお願いできると思ったのです。

太刀川さんには、まず「和える」のロゴを一緒に作っていただきました。

「和える」のロゴは二つの円でできています。赤い日の丸のような円は、古き良き伝統や先人の知恵を表していて、そこから少し出ている模様の入った円は、今を生きる私たちの感性や感覚を表しています。

ちなみに、少し出ている円に入っている模様は、七宝柄です。七宝柄は千年以上昔からある柄ですが、不思議と古くならず、日本にとどまらず、たとえば、ルイ・ヴィトンなどの有名企業を含めて、世界各国で使われています。

なぜこんなに世界各国で、七宝柄が使われているのでしょうか。

着物を染めるのに使われていた伊勢型紙と呼ばれる型紙があり、伊勢の地で、古くから着物などの型染めに使用されていました。その型紙は消耗品だったので、破れて使えなくなると、日本人は捨てていました。

ところが、日本人にとってはゴミだったものが、海外の人から見たら、

「この斬新なデザインは素晴らしい！」

「ゴミにするくらいなら、私たちが持って帰ります！」

ということで、海外に日本の伊勢型紙が流れていき、当時の日本人が生み出した素晴らしいデザインが、世界各国に広がっていったそうです。その一つにも七宝柄も入っていたわけです。

けれども、七宝柄をよく見ると、実は円の集合体でしかありません。それなのに、こんなに美しいことを見出した先人はすごいと思いますし、いつまでたっても古くならない、

削ぎ落とされた美しさにすっかり魅せられてしまいました。

「本当に良いものは古くならないという想いを込めて、私の大好きな七宝柄をロゴに入れたいんです。たとえば、この少し出た円の中を全部七宝柄にしたらどうですかね？」

「いい感じ。古き良き先人の知恵と今の感性を混ぜるのではなく、和えるって感じがすごく出てる。いっそのこと、この少し出ている七宝柄の円は、モーションロゴにしたらどうかな？」

「ロゴを動かすって、遊び心があっておもしろいですね」

「伝統産業にもいろいろな産地があるから、都道府県ごとに円の位置が変わるのは、いいかもしれないね」

「でも、メインロゴは決めたほうがいいな」

「第一弾の商品でもある本藍染の産地、徳島を表す位置はメインロゴと同じにしましょう」

「ＯＫ！」

「子どもって一カ所にとどまらず、あっちに行ったりこっちに行ったり動き回るから、動くロゴだと、０から６歳の伝統ブランド『ａｅｒｕ』を体現できるね」

このようにして、「和える」のロゴは、都道府県によって位置が変わる、動くロゴとなったのです。他にも、

「自由に動ける＝『和える』は自分で足を運ぶ現場主義」

「自分たちはとどまるのではなく、動くことによって、社会やライフスタイルを変容させていく。そんな『和える』でありたい」

というメッセージも込められています。

こうして、太刀川さんと二人三脚で作った「和える」を表すロゴは、とても愛おしいものとなっていったのです。まるで和える君の顔ができたような感覚でした。

ロゴが完成し、「ａｅｒｕ」ブランドの第一弾となる出産祝いセットの試作品を作ってから、私は桐箱に産着・タオル・靴下を入れ、片時もはなさず持ち歩いては、会う人会う人に、

「これ、『ａｅｒｕ』の最初の商品にしようと思ってるんです」

「これ、どう思います？」

「開けたとき、どんな感じがします？」

など、初めて出産祝いセットを見た人がどんな行動をとり、どんな気持ちになるかを聞

基本／徳島

愛媛

福岡

秋田

「和える」のロゴマーク
「和える」のロゴはモーションロゴになっている。都道府県ごとに七宝柄の円の位置が変化する。「和える」が産地に足を運んで、自分たちの五感で感じて「“本”当に子どもたちに贈りたい日本の“物”＝ホンモノ」を探し求めて動き回る様子を表している。

いて回っていました。

ただ、私の中では、このままでは売れないということも確信していました。

というのは、やはりパッケージデザインをしないと、藍色のものが入っているただの桐箱になってしまうのです。

そこで、そのことを太刀川さんに伝えました。

「昔から日本人は大切なモノは桐箱に入れてきたので、この本藍染の出産祝いセットも桐箱に入れたいのですが、なんとなく伝わりきらないんですよね」

「うーん。それなら、角を全部丸く削ってみよう」

そう言って、太刀川さんはヤスリを取り出し、いきなり目の前で桐箱の角にヤスリをかけ始めたのです。

「ほら、なんか赤ちゃんらしくなった！」

確かに桐箱の四隅が丸くなって、急に子どもらしくなりました。

こうしてできたのが、現在の角を丸くした桐箱です。その桐箱の蓋の上には、「和える」のロゴを大きく印刷し、日本の伝統ブランドであることを伝えるような上品な仕上がりになりました。

そして、中の産着と靴下とフェイスタオルも丁寧に一つずつ包むパッケージにし、贈ら

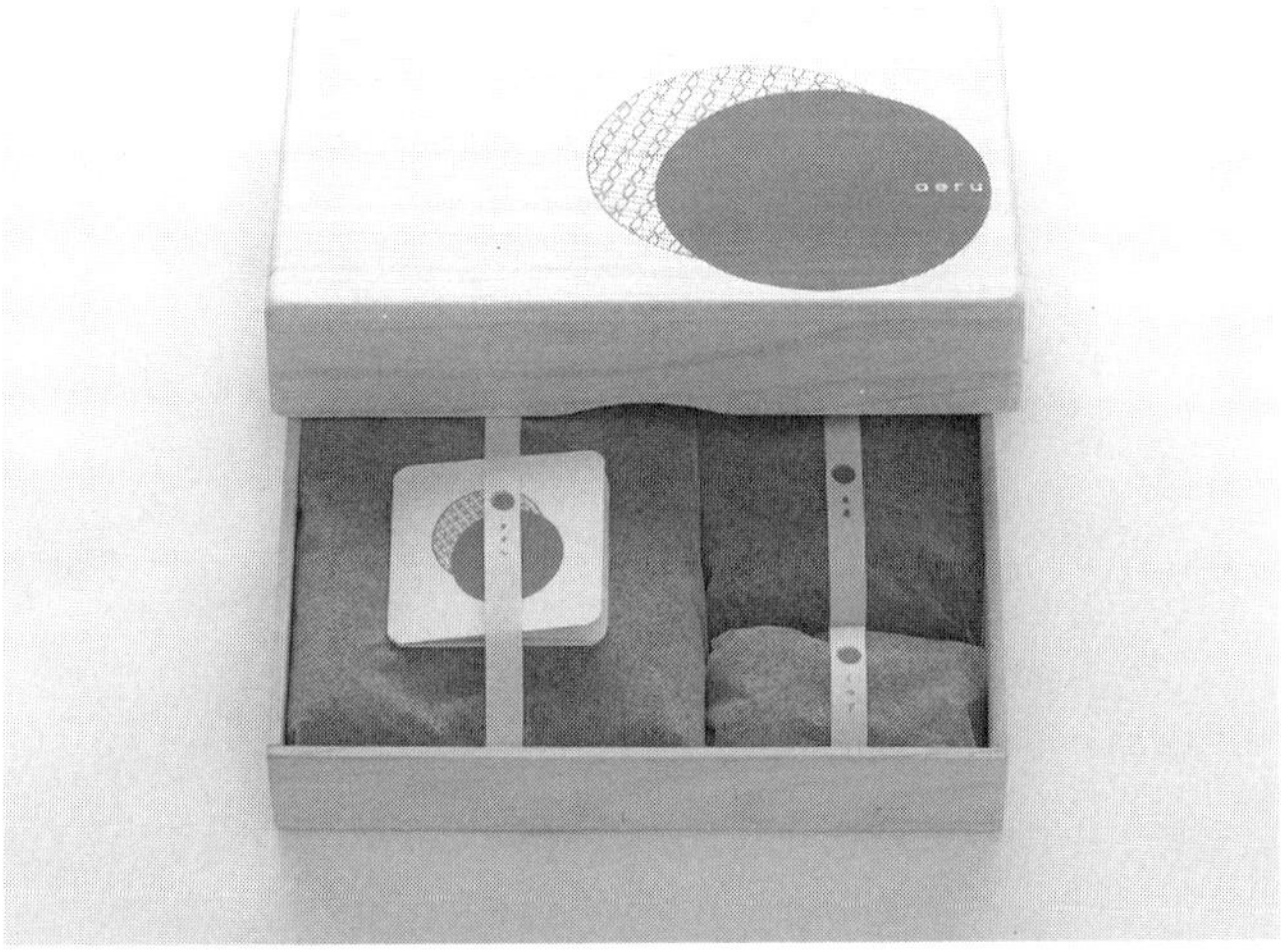

徳島県からの 本藍染の 出産祝いセット
江戸時代から続く伝統的な天然灰汁発酵建て（てんねんあくはっこうだて）という技法を用いて染められたこだわりの本藍染。「日本に生まれてきてくれてありがとう」という想いを込めて、日本の“あい”でお出迎えする出産祝いセット。

れた人がそれを手にしたときに、なんだかとっても大切なものを贈られた、そう自然に感じられるようなパッケージデザインが完成し、あとはお披露目する日を待つのみとなりました。

ちなみにこの商品は、後に第六回キッズデザイン賞「子どもの産み育て支援デザイン審査委員長特別賞」と、「Design for Asia Award二〇一二」というアジアのデザイン賞で銀賞を受賞することができました。

日本の伝統産業が、デザインの世界で、そして日本のみならず海外でも評価されたのです。これは、とても嬉しい出来事となりました。

在庫を持たないと、成功しない

二〇一一年大学四年生で起業をしてから「aeru」ブランドを立ち上げるまで、約一年の期間がありました。その間、仲間集め、商品開発をしながら、同時に、職人さんとのものづくりを永続していくために、どのような経営方針にするかも考えていきました。

そのひとつが、「職人さんが作ってくださったものはすべて買い取ろう。在庫は会社で管理しよう」というものです。周りの方々にそのことを話すと、

「在庫は持たないほうがいいよ」

「資本金、一五〇〇万円しかないんでしょ。買い取ったら、すぐに底をついちゃうよ」

「お金のリスクは、低くしておいたほうがいいよ」

と言われてしまいました。

でも、在庫を持たないビジネスをしていても、失敗する企業もたくさんあります。

「リスクを減らしているのに、どうしてなんだろう」

本当に伝えたいものがあるならば、在庫を持って、責任を持って売っていかない限り、成功しないのではないか。そう思ったのです。

私は物を売る経験をしたことがありません。しかし、多くの職人さんたちから、商品を一緒に作ってほしいと企業に言われて作ったけれど、結局売れずに職人さんが在庫を抱えて負債を負ったという話を聞きました。なので「和える」は在庫を持ち、職人さんが一つひとつ心を込めて作り上げた商品を、責任を持って子どもたちに届けようと決めたのです。

もちろん在庫といっても、何千個も持つわけではありません。予約注文分よりも少し多めの在庫を常に持つくらいなので、なんとかなると思ったのです。

こうして、私のワンルームの部屋に、所狭しと商品が積まれることになりました。

もうひとつ、大切なことがありました。それは、扱う商品の価格帯をどうするか。想定していた「ａｅｒｕ」ブランドの最も多い顧客層は三〇代前後。まさに、これから子育てをするという世代です。その次に多いのが、お孫さんにプレゼントをしたいと考えるおじいちゃん、おばあちゃん世代。

価格設定についても、経営者から大学の友だちまで、老若男女さまざまな立場の人に、「この出産祝いセット、いくらなら買う？」と聞いてみました。

一万円という人もいれば、五万円という人もいて、意見はいろいろでした。けれど、職人さん、自分たち、デザイナー、パッケージ会社、印刷会社など、商品作りに関わっている人々が、継続してお仕事ができる適正な価格を計算すると、どうしてもそれなりの値段になってしまいます。

「何万円もする出産祝いセットなんて、若い人は買わないよ！」

多くの人に止められてしまいました。

そこで、大学院でお世話になっていた井上英之先生にも意見を聞いてみました。「和える」の活動をよく理解してくださっている先生です。

「この出産祝いセットを、いくらにしたらいいのか考えているのですが、どう思われますか？」

「『和える』が続けていける、適正な価格にしないと」

「やっぱりそう思いますか？　いろんな人に聞くと、なるべく安くして、買いやすい価格のほうがいいと言われるのですが、それだと会社としても厳しいし、職人さんにも無理をお願いすることになってしまうんです」

「これ、全部手作りなんでしょ」

「そうです。職人さんが一つひとつ丁寧に、心を込めて作った商品です」

「大切な子どもに贈るプレゼントなんだよね」

「はい」

「だったら、やっぱり正直に、必要な価格にするべきだよ。それに、そんなに高いわけではないと思うよ。僕なら買うよ」

そういってくださり、のちに本当に購入してくださいました。先生は、私の背中を押してくれたのです。

議論を尽くし、「一番適性な価格は、いくらか？」について考えました。その結果、周囲の意見に流されたりせず、みんなが働いた分のお金を支払うことを前提に値段を設定するのが一番正しい、という答えに落ち着きました。

私たちは、ものを作れません。その代わり、職人さんが何年もかけて習得した技術を、お金という貨幣で交換させていただいているのです。

もし、職人さんたちに適正な価格を支払わず、「もう、『和える』では作らない」と言われてしまったら、「和える」は伝統産業という素晴らしい技術を子どもたちにつなげなくなってしまいます。それでは本末転倒です。

値段が高いと感じるのは、その価値がわからないから。ならば、なぜその値段なのかをきちんと伝えれば、決して高くないのではないか、と考えたのです。

「和える」設立一周年

二〇一二年三月三〇日。この日は、私たちにとって忘れられない日となりました。

起業してから約一年間、ブランドを創り上げるために、さまざまな人たちの手を借りながら、準備してきた「ａｅｒｕ」ブランドをお披露目できることになったのです。

私はこの記念すべき日を迎え、これまで応援してくださった方々、「和える」に関わってくださった方々を約八〇名お招きし、表参道で、「和える」設立一周年パーティーと「0から6歳の伝統ブランドａｅｒｕ」の誕生を記念して、「和える君一歳のお誕生日会」を行うことにしました。

和える君を必死で育ててきた私ですが、一歳を無事に迎えられたというのは、本当にうれしいこと。よちよち歩きだった赤ちゃんが、なんとかつかまり立ちをできるようになった、そんな気持ちで和える君を祝ってあげたいと思い、大きなバースデイケーキを用意しました。そこに和ろうそくを一本立てて、「ａｅｒｕ」の初代モデルの親子に吹き消していただいたり、名づけ親である飯島さんからは、「和える」に込めた想いを改めてスピーチしていただいたり、本当に温かい会となりました。

そして、この会は、記念すべき最初の商品「徳島県から 本藍染の 出産祝いセット」が、初めて売れた日でもあります。一般に発売する前に、この会で販売会を行ったのです。

いろんな人にこれまでさんざん「高すぎる」と言われ続けて、少し不安もあっただけに、応援してきてくださった方々とはいえ、目の前で購入してくださったのは、とっても嬉しく感じました。

これは、私の中で大きな自信になりました。

「ちゃんとよさを分かって、子どもたちに贈ってくださる人がいるんだ」

「ほしいと言ってくれる人がいた！」

その後、一般発売を開始したところ、「和える」の取り組みや、商品に興味を持ってくださる人が増えていき、メディアの方々にも少しずつ取り上げていただけるようになっていきました。

ただ、まだまだ会社として十分にやっていけるほどは商品の売り上げが伸びず、「どうしたらいいかな」とも思っていました。

「和える」を世界の共通語に

大学院で教えていただいた井上先生は、国内で社会起業家という概念を広めた方でもあります。いつも生き生きと、自分の気持ちに素直に生きてらっしゃって、とても人間らしく、子ども心を持ち続けている人です。

いつも海外出張から帰ってくると、さらに輝きを増しています。いったいどんな世界を見てきているのだろう。大学院二年生になった私は、先生に、

「私もいのさん（井上先生）が見ている世界を見てみたいです！」

と言いました。すると、

「じゃあ、シアトル行く？」

「えっ……、シアトル？　は、はい」

「なら行こう！」

「？？？　はい！」

二つ返事で決めてしまったため、当日まで、具体的に何をするのか、実のところよくわかっていませんでした。ただ、なんだかわからないけど、とにかく井上先生についていけば、何かが開けるはず。シアトルに行けば何かが変わる、と思っていました。

シアトルに着くと、そこには二〇代後半から三〇代前半の日本のソーシャル・アントレプレナーたちが一〇人ほど集まっていました。

これは、米国NPO法人iLEAPが主催するソーシャル・イノベーション・フォーラム・ジャパンというプログラムで、東日本大震災から日本のソーシャルリーダーたちが何

を感じ、何を考え、日本で何が起こり始めているのかを、使節団として日本への関心が高いシアトル市民にお伝えするものです。

同時に、スターバックス財団の創設者や、マイクロソフト、ITスタートアップの創業者、社会起業家らとの交流を通して、自分の事業プランや、自分の内面を捉え直していきます。

その中で、幼少期の頃からの自分を振り返り、なぜ自分は今の仕事をしているのかをストーリーにしてまとめる、というワークがありました。

そこで話したことを書きます。

〈私は小さい頃、冒険ごっこが大好きでした。妹と一緒にベッドを船に見立てながら、海賊船にのった海賊になりきって、宝探しごっこをしていたのです。

ある日、私はとっても心配になりました。

「大人たちが宝の地図を先に見つけちゃうから、私が大きくなったら、宝の地図がなくなっちゃう。そんなのずるいっ！　もっともっと早く生まれてくれば良かった」

そう、宝の地図には限りがあり、宝物の数にも限りがあります。早く大人にならないと、大人たちに宝物を全部みつけられちゃう。幼い私にとっては、とても大きな心配事でした。

私が大人になるまで、宝の地図が残っていることを切に願っていました。けれども一九歳の私は、もう宝の地図が必要なくなっていました。なぜなら、日本全国を旅して回り、宝の地図には書かれていない、大人たちが気づいていない宝物を見つけてしまったからです。

私にとっての宝物は職人さんであり、職人さんの持つ技術なのです。

職人さんは、先人の知恵を受け継ぎ、それを守るだけでなく、さらに技術に磨きをかけ、進化させながら、また次の世代にその技術を引き継いでいく。そんな職人さんがどこにいて、どんな技術をもっていて、どんなことが得意なのか、それを見つけ出すことが、私にとっての宝物なのです。

「この人、宝物ですよ！」といっても通じないという現実にも気がつきました。いつのまにか、伝統産業は非日常の世界のものとなっていて、あまりにも日常とかけ離れてしまったが故に、その魅力が見えづらく、わからなくなってしまっていたのです。

職人さんの技術を活かして、今を生きる私たちの日常生活に役立つようなものづくりをしてみたい。日本各地にある生きた宝物を見えるようにしたい。日本にはまだまだ宝物がいっぱいある。それが、日本の伝統産業なんだ！〉

この話をしながら、私自身、改めてわくわくしました。それと同時に、これからいくつの宝物を見つけることが出来るか、そして、日本の宝物を次の世代の子どもたちに届けたい、そう感じました。

海外で「和える」というニュアンスをどう伝えるのか、とても悩みました。英語には、「和える」にあたる言葉がないからです。

ハーモニー？　ブレンド？

いろいろ考えましたが、良い直訳がありません。「和える」の意味も広すぎて、それに当たる英語が存在しないのです。

「aeru is not mixed!」

と言ってみたものの、本当に海外の人に伝わったかどうかはわからない。そこで私は、英語で次のようなニュアンスで伝えてみました。

「『和える』を英語で説明するのは難しい。だから、『ａｅｒｕ』自体を英語として使ってほしい」

実際、「もったいない」という言葉が、全世界で使われているように、「和える」も全世界で使われるようになってほしいな、という願いを込めたのです。

「和える」。

それは、お互いの本質を引き出して新しい価値を生み出す、という日本人が昔から育んできた言葉。

「和える」がいつか、世界の共通語になってくれたら……私の夢でもあります。


また、このシアトル研修で、私は「和える」の仲間となる一人と出会いました。それが、この使節団の一人としてきていた、後に「和える」のホームページを担当してくれる土田智憲さんです。

彼と私は、使節団のメンバーの中でも年少組で、二人合わせて「キッズたち！」と呼ばれました。彼は、私の宝探しのスピーチと、日本文化の素晴らしさをアメリカ人に誇らしげに語っていたところを気にいってくれて、仲良くなりました。

私は彼に、シアトル滞在中、毎日「和える」について耳にたこができるくらい語り、今のホームページではダメなこと、なんとかして変えたいから協力してくれないかと、頼み込んだのです。

というのも、多くの人たちから温かい励ましの言葉を受け誕生した「ａｅｒｕ」ブランドでしたが、ホームページがイマイチで、商品が売れないのです。何人もの方から、「このサイトじゃあ、ショップだとわからないし、買いづらい」と言われていました。

今でこそ、全国の百貨店で「ａｅｒｕ」の商品を一部、置いていただいていますが、当時の「和える」は、百貨店の催事などで一定期間お店を出すものの、決まった店舗を持っていないため、ほとんどのお客様には、ホームページで購入いただいていました。

ですから、わかりやすく魅力的なホームページでなければならないのです。

「とにかく、ホームページをなんとかしないと……」

そう思っていたタイミングで、ＷＥＢに詳しい土田さんと出会ったのです。

「ここ、商品をもっと見てもらいたいんだけど」

と私が伝えると、

「そうだね、じゃあこうしてみようよ」

とその場で、ソースコードをいじりはじめ、みるみるサイトが変わっていきます。

彼は小さい頃から目の前にパソコンがある環境で育ったそうで、まるで絵筆のように技術を駆使してます。シアトルにいる間、一日のプログラムが終わった後、ホテルの一階にあるラウンジで毎晩のように、ホームページの改訂や、お互いの考え方を話し、価値観を共有していきました。

彼はこのとき以来、「和える」にズルズルと引きずりこまれていきました。

帰国後、土田さんと「和える」のデザイナーの太刀川さんを交え、ホームページのデザインについて話し合いをしました。

ホームページを作り変えるには、それなりに時間が必要なため、結局、今のデザインにリニューアルできたのは、二〇一三年の三月になりました。けれど、それまでの間、直してほしい細かい部分などを土田さんに伝え、メンテナンスのお仕事をお願いしていました。

今も彼は、ホームページだけでなく、さまざまな面から「和える」ファミリーとして私たちを支えてくれる、いなくてはならない一人です。

人に恵まれている「和える」

「出産祝いセット」しか商品がなかったころの商品管理は、とてもアナログなものでした。自分の部屋に在庫を置いていたため、まず矢野さんから染物が届くと、インターン生だった百絵ちゃんと二人でそれを点検します。そして注文をいただくと、きれいにたたんで桐箱に詰めて、「和える」のリーフレットも入れて、四隅をやすりで削ったあと、包装をして、自宅近くの宅配便の受付に持っていくという作業を繰り返していました。

宅配便の業者さんからは、「また、『和える』さんですか？」と言われていました。

しばらくはこうして自分たちで発送していたのですが、お互いが学校や出張などで留守にしてしまうと、注文が入ってもすぐに商品を発送できなくなる事態も起こってきました。

そんなある日、大学時代にお世話になった松原さんを介して、ある出会いが実現しました。

「里佳ちゃん、最近メディアに出て、商品の注文数が増えてきたんじゃない？　出荷とかどうしているの？」

「自宅に在庫を置いて、そこから出荷しています」

「え、本当に？　物流センターっていうのがあるんだよ。知らない？」

「物流センターって、なんですか？」

松原さんは目を丸くして驚きながら、

「うちの物流センターに連れていってあげるから、おいで」

と言ってくださったのです。

物流の流れを何も知らない子が、商品を売っているという事実は衝撃的だったのかもしれません。すぐに物流センターに連れていってくださり、そこの社長の吉田さんに、「この子をよろしくお願いします」と紹介してくださいました。

吉田社長は、とても伝統産業に詳しく、

「うちでは伝統産業品を扱う業者さんはやったことがないけれど、応援するよ！　物流のことなら任せなさい」

と快諾してくださいました。こうして、私の狭いワンルームの部屋から在庫がなくなることになったのです。

吉田社長の息子さんが、物流センターの中を案内しながら、

「商品によって、管理の温度や湿度も変わってくるから、部屋を分けているんだよ」

「一つひとつ検品もして、商品に不良がないかチェックもやっているよ」

「ラッピングもできるし、熨斗《のし》も書けるよ」

物流の「ぶ」の字も知らない私に、一から丁寧に教えてくださいました。

それだけでなく、吉田社長は、

「今、うちでやってないことでもやれるから、何かあったら相談してね」

と楽しそうにおっしゃるのです。

しかも、「和える」の担当に、吉田社長の息子さんがなってくださいました。

さすが吉田社長に育てられただけあって、息子さんも伝統産業が大好き。「和える」で夏にワークショップなどを開催すると、お子さんと一緒に参加されたり、自分のことのように「和える」を応援してくださるのです。

職人さんが一生懸命作ってくださった商品を子どもたちに届ける物流センター。最後のバトンを心を込めてつないでくださることを信じてお願いすることにしました。

人気商品「こぼしにくい器」の誕生秘話

「出産祝いセット」の次なる商品は、離乳食を食べ始める子どもたちへの器を、と考えていました。そして、器を作るなら、愛媛県の砥部焼職人の大西先さんと作りたいと、JTB西日本の「栞」の取材時から思っていたのです。

というのも、大西さんは私に、「和える」のコンセプトとなる「伝統産業×赤ちゃん・子ども」のヒントを与えてくれた方。大西さんの工房で、たくさんの子ども用お茶碗を目にしなければ、今の「和える」はなかったかもしれません。

大西さんには、まだ起業する前から、赤ちゃん・子どもに向けた伝統産業の商品を作りたいという話をし続けていましたが、出産祝いセットを作り、本格的にａｅｒｕが始動することになってから、正式に電話でオファーしました。

「大西さんの砥部焼の技術を生かし、『ａｅｒｕ』でオリジナルの商品を作りたいんです。一緒に作ってくれませんか？」

「もちろん、よろこんで！」

二つ返事で引き受けてくださり、第二弾の商品は砥部焼の器、しかも、初めてスプーンを使い始める赤ちゃんが、上手に食べることができて、道具（スプーン）を使って食事をするのって楽しいなと思えるような器を作ろう、ということになりました。

本来、食事は家族で食卓を囲みながら、楽しい雰囲気の中で食べるものです。それなのに、子どもがご飯をこぼしてしまうことで、食事の時間が両親にとっても、子どもにとっても苦痛になってしまったら、もったいない。それなら、すくうのを少しお手伝いできるような器を作って、毎回食事が楽しみでしかたなくなるようにしよう。

さらに、子どものときだけでなく、大人になっても使えるようなシンプルで美しい器。それを、職人さんとデザイナーさんの技を和えて、なんとか作れないかと思ったのです。

こうしてコンセプトが決まり、この器の商品名は「こぼしにくい器」となりました。

こぼさない、こぼれない、すくいやすい……いろんな名前を考えました。でも一番ぴったりと来た名前が、「こぼしにくい」でした。他の名前は、なんとなく強すぎたり、受動的な感覚を受け、自分で頑張る能動的な感じが一番伝わるのが、「こぼしにくい」だったのです。

また、購入するお客さんには、いろいろな産地の伝統産業品の中から、色や質感など好みのものを選んでいただきたい。そう思い、砥部焼（磁器）以外にも、徳島県の大谷焼（陶器）、石川県の山中漆器（漆器）と、素材の違いも体感していただけるように、三つの産地で同じ形状、素材違いの器を作ることに決めました。

ところが、ここからが大変！　試作を何回も行い、作っては違う、作っては違う……の繰り返しでした。

こぼしにくい器は、内側に「返し」をつけることで食べ物をすくいやすくする工夫がされています。ここが、この商品の特徴でもあり、こだわりともいえるところです。

でも、最初のデザインは、今とはまったく違うもの。器の外側に返しがついていて、重量もあり、ぼてっとした印象となってしまいました。

「どうしたら、しっくりくるものが作れるのだろうか……」

３つの産地からこぼしにくい器
内側に「返し」を付けることで、食べ物がスプーンにのりやすく、すくいやすい器。初めての離乳食の器にぴったり、大人になっても使い続けられる。

太刀川さんとともにデザインを考え、これならいけそうと思って、職人さんたちにデザイン通りのものを作ってもらうのですが、図面で描いたものと、実際にできてきたものを比べると、イメージとは違うものが出来上がってきます。

「赤ちゃんがこぼさず、上手に自分で食べられるような器を作るためには、どんなデザインがいいんだろう……」

四六時中それればかりを考えていました。

そんなある日、夢を見ました。太刀川さんの頭を、私が手でモミモミしている夢です。そして、朝五時くらいに急に目が覚めました。

ハッキリと覚えている夢に、不思議な気持ちになりながら、いったいどういう意味があるのだろう？　と思っていると、七時くらいに、突然、携帯電話が鳴り響きました。見ると、太刀川さんからです。

朝は苦手だといっていたのに、こんなに早く電話がかかってくるとは、ただごとではありません。

「もしもし、どうしたんですか？」

「里佳ちゃん、こぼしにくい器のデザインができたよ！」

「えっ？　本当に？　ところで、五時くらいに起きませんでした？」

「まさに五時に飛び起きて、デザインがひらめいたんだ！」

「私、五時くらいに、太刀川さんの頭をもんでる夢を見てたんですよ……」

こうして、こぼしにくい器の返しを内側につける、というデザインが完成しました。

太刀川さんと私の不思議な現象で生まれた「こぼしにくい器」は、二〇一三年の「Good Design Award グッドデザイン賞」を受賞。

今では、「ａｅｒｕ」のヒット商品として、不動の地位を確立しています。

世界に一つのおもちゃ「手漉き和紙のボール」

二〇一二年の秋に、「ａｅｒｕ」ブランドから発売になった商品は、「愛媛県から 手漉き和紙の ボール」です。

これは、私の子ども心から作られた商品といってもいいかもしれません。この和紙のボールを製作しているのは、「週刊朝日」の連載の取材で知り合った、愛媛の和紙職人・佐藤友佳理さんです。友佳理さんはイギリスでモデルをされていた経験もあり、森に住む妖精をイメージさせるかのように美しく、そんな素敵な方も伝統産業の魅力に引き寄せられ、ものづくりをはじめられていることに、感動したものです。

彼女は、タペストリーやモビール、ランプのシェードなどを和紙で作っていました。とても繊細で、優しい素材ですから、触れるのではなく、眺める商品が中心です。

でも、私はそんな彼女の商品を見て、どうしても触りたくてしかたありません。それと同時に、和紙から連想したのは、障子に穴をあけるのが楽しかった幼い頃の思い出。

「子どもの頃って、壊れてしまうものほど触ったり、穴をあけたりしたくなっていたな。状態が変化するものって、すごく楽しかった。でも、今は障子がない家も多いし、障子に穴をあけるなんてことも少なくなってきたのでは？　もし、障子があっても穴をあけたら怒られちゃうよね。じゃあ、子どもたちが穴をあけても怒られなくて、なおかつ普通に触ることのできるような和紙のおもちゃを作ったらどうだろう」

その案を友佳理さんに伝えると、とても面白がってくれました。そこで、彼女と太刀川さんと私の三人で、どうしたらこれまでにないものを生み出せるかを考え、籐《とう》でぐるぐる巻きにした枠をつくり、そこに和紙を丸ごと漉いてみようとなりました。

籐で作った丸い枠に和紙を漉いて、天日で干す。これを五〜八回ほど繰り返すと、一個の固めのボールができます。目で見ると繊細な作りに見えますが、とても丈夫なので、投

愛媛県から 手漉き和紙の ボール
丸く編まれた籐の木の中に、花柄が描かれた鈴を１つ入れて、職人さんが水の上をそわせるように、繰り返し漉いている。なんでも触りたがる子どもたちに、和紙にいっぱい触れて、いっぱい遊んでほしいという想いから生まれた。

げて遊べるほど頑丈です。

試作段階で、「色をつけてはどうだろう」という案も出ましたが、試してみると自然ではありません。むしろ、こちらでは色をつけず、真っ白な和紙のままで、色を塗っても塗らなくてもいいし、穴をあけてもあけなくてもいい。そんな自由度の高いボールにして、子どもが好きなようにそのボールを育てていく。

「そんなおもちゃって、あってもいいよね！」

こうして、「和紙のボール」が生まれたのです。


この商品には、最初から穴が開いています。穴をあけるつもりだったわけではなく、和紙を漉いたら、所々、繊維がのらない穴の開いた状態が偶然にも生まれたのです。それはそれで可愛いし、一つひとつの形や穴の位置が違い、また、中に鈴を入れることで、その鈴ものぞけて遊べて楽しい！　ということになりました。

さらに、彼女の仕事場一帯は、観音水と言われる湧水が出ていて、水道の水も観音水という恵まれた自然の中に位置しています。この和紙のボールは、名水百選に選ばれた観音水の湧水で漉いたものなのです。

そんな素晴らしい場所で生まれた「愛媛県から　手漉き和紙の　ボール」は、世界で一つのその子だけのおもちゃになるのです。

今のおもちゃは、みな最初から出来上がっていて、ひとつの使い方しかできないものがほとんど。出来上がったおもちゃを与えられて育った子どもたちは、自分のおもちゃに手を加えて遊ぶという発想が、少し弱いように思います。

だから、その子の使い方やアイデアで、いくらでも自分だけのものになるようなおもちゃを作ることは、とても大事だと考えています。

職人さんへのつらい電話

「ａｅｒｕ」の商品ラインナップも徐々に増えていき、少しずつ企業らしくなっていきましたが、一方では資金が底を突き始めました。

もっとも苦しかったのは、二〇一二年の一二月から二〇一三年の一月にかけてです。それまでの「和える」は商品の売り上げだけでは、実質回すことができませんでした。

ですから、会社のお金がなくなると、私の貯金から役員立替金としてお金を入れ、私個人の貯金がなくなると、会社から役員立替金を返してもらうという手続きを繰り返していたのです。

でもとうとう、会社のお金も私の貯金も尽き果ててしまいました。お金がなければ、職人さんに商品づくりをお願いすることもできません。これは、aeruの生命線を断ち切られるほど、致命的なことです。

そこで、知人からお金を貸していただき、二月には入金してもらえる手筈《てはず》を整えました。でも、二月になるまでは、一銭も入ってきません。この状況を何とか乗り切るには、職人さんへの支払いを遅らせてもらうしかなかったのです。

それはとてもつらいことでした。年末年始という大事な時期に、職人さんにお金を払えないのですから。

私は商品を作ってくださっている職人さんたちに電話をかけ、心底謝りました。

「もしもし、矢島です。あの……、実は、今月お金がなくて、どうしてもお支払いできなくなってしまったんです。必ず来月お支払いしますから、待っていただけませんか？」

「いいよ。待ってるよ。それに、里佳ちゃん、いつも僕の作る商品を全部買い取ってくれてるけど、本当に大丈夫かな、って思ってたんだ。里佳ちゃんの会社がつぶれたら、僕のやっていることも伝えられなくなってしまう。だからがんばって！」

職人さんたちは、快く入金の延期を受け入れてくださいました。みなさんの温かさに救われたのです。

あとは、自分をどう養うかです。しかも、大学院二年生の年末とあり、年明けまでに修士論文の提出締切も迫る時期。

不安はいっぱいありましたが、心配してもしかたない。そう思い、まずは資金繰りの問題をなんとか片づけ、その後、一週間で必死で修士論文を書き上げました。

年末年始でしたが、実家には帰りませんでした。というよりも、忙しくて帰れなかったことと、苦しいからといって実家に泣きつくことだけはしたくない、なんとかしてみせる、と思ったのです。

大変な時期、私の大好きなアボカドとご飯を食べて、なんとか乗り切っていたのですが、そんな様子を見ていた周りの人たちは、温かい手を差し伸べてくれました。

「和える」の仲間のお家でご飯を食べさせてもらったり、当時、新婚ホヤホヤだった太刀川家でクリスマスを過ごさせてもらったり……「和える」ファミリーの温かさを改めて感じました。

そんな体験を経て、

「本当に困っているとき、社会に必要とされている限りは、助け舟がくる。助け舟がくるってことは、会社を続けなさい、という神様からのメッセージなんだ。それくらい、私はまだ会社を続けるために生かされているんだ。妥協なんかしない。私は『和える』で食べていく。助け舟が来なくなるときまで、私は続ける……」

そう固く誓ったのです。

第四章

常識はずれの「和える」のやり方

メディアに出演。鳴りやまない電話

「和える」創業以来最大のピンチだった年末を切り抜けて以来、ありがたいことに全国の百貨店さんからお声がけいただき、催事を行ったり、商品を常設していただけるようになったり、メディア関係の方が「和える」の活動に注目してくださるようになったりして、取材などもどんどん増えてきました。

そして私は、二〇一三年三月に大学院を無事に卒業し、社長業に専念していました。

二〇一三年四月。NHK「おはよう日本　木っていいね」に、その後、「おはよう日本　紙っていいね」に「aeru」の商品が紹介されました。すると、その直後から商品を購入したいというお客様からの電話が鳴り響き、会社の電話がパンクしてしまいました。

そのときはまだ、自宅に会社用の電話回線を引いて一台固定電話を備え付け、電話が鳴ると携帯に転送されるようにしていました。

普段はそんなにかかってこない会社用の電話。それが、NHKの放送後、ひっきりなしにかかってくるようになり、外で打ち合わせをした後に携帯の留守電を確認すると、何十件と録音されているような状態になっていたのです。

それまで経験したことないほど多くの電話対応を急にしたため、困惑していました。でも、こんなに多くの方が「和える」に興味を持ってくださっているのかと思うと、ほんとうに嬉しくなりました。

「でも、このままでは……」

物流センターに行ってその話をすると、吉田社長は、

「それ、うちでやってあげればよかったね」

と。私はその意味がよくわからず、「どういうことだろう？　だって、ここは物流センターなのに……？」と思っていると、

「ここで『和える』のコールセンターもできるよ。こっちに電話があったほうが、注文を受けてすぐに商品を送れるから一石二鳥でしょ」

「たしかに」

「それに、矢島さんの時間を電話注文を受けるのに使うのは、誰にとってもいいことではないよ。矢島さんは次を開拓しないといけないんだから、そっちに力を入れて我々に任せ

なさい」

笑顔でそうおっしゃってくださったのです。

こうして「和える」にコールセンターが誕生しました。周りからの温かいサポートのおかげで、どんどん会社らしくなっていきました。

二〇一三年は「和える」の取り組みを、さまざまなメディアで取り上げていただきました。なかでも、半年間にも及ぶ長期取材をしていただき、番組が作られ、八月に放送されたＴＢＳの「夢の扉＋」は、「和える」にとって大きな飛躍のきっかけとなりました。

百貨店で催事をしていても、

「あっ、この前テレビで観ました！」

「こぼしにくい器の会社だ」

「『和える』のコンセプトって素敵ですね。もっと教えてください」

などと、言われることが一気に増えたのです。少し前までは、「『和える』ってどんな会社なの？」「何を売っているの？」というお客様の声がほとんどでした。

けれど、テレビをはじめメディアでご紹介いただく機会が増えることで、「和える」がどんな会社で、何をしようとしているのかを、最初から理解してくれているお客様が増えたのです。本当にありがたいことです。

起業前後で変わらないこと

起業前も起業後も変わらないこと。それは現場に足を運ぶことです。現場が見えなければ、きっと「和える」は始まらなかったでしょう。

ある経営者の方から、こんな言葉をいただきました。

「里佳ちゃん、本当によくやったよ。普通だったら、赤ちゃん・子どもと伝統産業という、縮小している市場同士を結び付けようなんて思わないよ」

「そうですか？」

「そうだよ。僕は、里佳ちゃんが『子どもたちに日本の伝統をつなぐ』ってずっと言ってたのを聞いて、内心ではものすごく面白いことを言ってるなと思っていたけど、常識的に考えて『すごくいいから、やりなよ』とは言いづらかったんだ」

実際、ほとんどの人が、「伝統産業×赤ちゃん・子ども」という事業が成功する確率は相当低いと考えていたようです。

でも、私が周りの意見に惑わされずにやってみよう、と思えた理由は、何度も現場に行って職人さんたちと直接言葉を交わしたことで、職人さんを信頼でき、伝統産業の可能性についても信じられたからなのです。

現場に行かず、机にばかり向かって頭の中だけでアイデアを考えていたら、縮小市場にあえて参入するという選択は、していなかったと思います。

職人さんたちは何が得意で、何に困っていて、どんなことを考えているのかを聞き続けたからこそ、みんなが気づいていないビジネスの種を見つけられたのです。

最近は、「和える」が少しずつ成長を遂げてきたので、私も代表としてやらなければならない仕事が増えてきました。でも、私はこれからも職人さんのところに通い、話をうかがいながら、「和える」でやりたいことを伝えていきたいと思っています。

それが、「和える」が「和える」らしくあり続けるうえでも、欠かせないことなのです。

以前は、どこにどんな職人さんがいるかもわからないため、職人さんたちにお会いするまで、ものすごく大変でした。ところが、メディアで「和える」のことをご紹介いただく機会が増え、地域の団体や企業、行政などから、「自分たちの地域の職人さんに会ってほしい」とコンタクトをいただくようになってきたのです。

最近はありがたいことに、「和える」の取り組みや、伝統産業の可能性などについての講演依頼をいただくことも増え、その講演会にあわせて職人さんたちの工房視察にも行かせていただくなど、たくさんの出会いの機会にも恵まれています。

短期間に多数の職人さんたちにお会いできるだなんて、昔だったら考えられません。こうしてたくさんの職人さんにお会いさせていただくにつれ、私自身、「和える」らしい職人さんを見極める目がついてきたように感じています。

自分のやっている仕事にまっすぐで、誇りを持っていらっしゃる職人さんは、会話をしていても対等に話してくださいます。商品開発の話をすると、本当に良いと思うものには惜しみなく協力してくださいます。

「和える」のコンセプトに共感してくださって、その上でどんなことができるのかを真剣に、一緒に考えてくださる職人さんと出会えたときは、本当に宝物を見つけたような嬉しい気持ちで満たされます。

職人さんたちの技術を子どもたちにつなぐために、これから何人の素敵な職人さんと会えるのか、とってもとっても楽しみです。

ときどき「まだ修業中だけど、絶対に素晴らしい職人さんになる」と思えるような若手の職人さんにお会いすることもあります。

今、伝統産業の職人さんの平均年齢は、六〇歳を超えていると言われています。そんな中、優秀な若手の職人さんが育っていく土壌づくりはとても大切なこと。

「魅力的な職人さんには、何か共通項があるのではないか」

今までお会いした素晴らしい職人さんの特性で、共通する点を考えてみました。まだまだ言語化しきれていませんが、現段階では五つの共通項が見えてきました。

一　嘘がつけない正直者
二　技術に自信があるからこそ謙虚
三　先人の知恵を経験的に会得している
四　オーダー主の想いを汲みながら、それを超えたものを作る
五　掘り下げていくと、良い意味でこだわりが強く変人

この五つは、かなり共通しているように感じています。ですから、これらがそろっている若い職人さんを見つけて、応援できる仕組みを作りたい。それが次の目標でもあります。

そのためには、平和な時代を迎えた日本にパトロン、旦那衆文化を再び創出することが大切なのではないでしょうか。

たとえば、職人さんによる伝統産業が盛んなイタリア。ここでルネサンス文化が花開いたのも、パトロンがいたからです。裕福な人たちは、お金はないけれど素晴らしい才能を持っている芸術家たちに注文を出し、ときには彼らの生活の面倒も見ていたからこそ、芸術家たちは才能を発揮できたのでしょう。

日本の歴史を振り返っても、能楽は、パトロンたちによって成り立っていましたし、他にも日本の素晴らしい文化、芸術が大成している時期は、往々にして平和な時代が多いのも事実。そして、今の日本はまさに、その平和な時代に差し掛かっていると思います。

今、私たちは自分のお金を何に使うか、選択すべき時代に来ているのではないでしょうか。選挙へ投票しに行くように、日々のお金の使い道も、私は投票行動だと思っています。自分が「これは！」と感じるものにしっかりと投資し、残したいものを支持すること、それを行動で示すべきだと考えています。

「いいな」と思ったものがあれば、それを生み出した人に対して、価格を値切るのではなくその価値を認め、貨幣を交換させていただく。そういうことを大切にしてほしいのです。

いつも良いことにお金を使い続けていると、必ずそのお金は回りまわって、循環して戻ってくると思うのです。私が素敵だなと思う大人はみんな、貯めこんだりせず、常に、次はどんなことにお金を使おうか、とわくわくしながら考えて、惜しみなく投資しています。「和える」の社員には、日々、投票行動をしていると意識し、お客様から頂いた大切なお金を、再び社会に循環させられる人になってほしいと願っています。

自分はゴミを作っているんじゃないか

「aeru」に期待する声が高まるにつれ、商品開発のほうも着々と進んでいきました。「和える」は、0から6歳の子どもたちが使う日用品のすべてを、日本の伝統産業の技術を活かしてつくるという目標で生まれたので、まだまだ作らなければならないものがたくさんあるのです。

離乳食の器の次は、子どもが自分でコップを持ち始める二歳前後の時期に合わせて、初めて自分で持つのに最適なデザインのコップを作ることにしました。

今は、割れると危ないからという理由で、割れない素材のコップを持たせる親御さんも多いと思います。けれども、乱暴に扱ったら割れてしまうと子どもたちが知ることは、とても大切。大人が失敗の先回りをしてしまうと、子どもたちは失敗を経験しないまま大人になってしまいます。

大人にとっての利便性と、子どもの学びと成長は、ときに相容れません。

以前、小学校の先生から、

「お家で割れない器しか使っていなかったので、小学校に入って給食の時間に器を割ってびっくりしてしまい、どう対処すればいいのかわからない子どもたちが増えているんです」という話をお聞きしたこともあります。

私がまだ実家にいた頃、家の食卓で麦茶をこぼしたとき、父親は、

「そこにコップを置いていたら、こぼすと思ったんだよね」

と、私がこぼすだろうと予測しながら、注意せず、そのままこぼさせたのです。後になって、「麦茶だったら、こぼしてもいいかなと思って。ジュースだったら、ベタベタになるから注意してたかもね（笑）」と、言っていました。

してもいい失敗を、していいときに、見守られながら、させてもらっていたのです。

また、お皿などを割ってしまったときも、子どもが怪我をすると危ないという親心から

「危ないから、あっちにいってなさい」といって、処理をさせない方も多いと聞きます。でも矢島家では、最後の細かい欠片こそ両親が片付けていましたが、大きな欠片はスリッパを履いて自分で拾っていました。そのおかげで、割ってしまったときの残念な気持ちや、それを片づける際の危険性、また片づけ方も学べました。

子どもたちを危険から遠ざけてばかりいると、本当の危険と遭遇したときに、とっさに正しい判断をできなくなってしまいます。だからこそ、あえて、「ａｅｒｕ」の器は、大人と同じように割れる素材も取り入れようと思ったのです。

だからといって、簡単に割っていいわけではありません。やはり伝統産業品ですから大切に、一日でも永く使ってほしい。そこで、両手で持つとぴったりサイズのコップをつくり、外側に段差をつけ、指がひっかかるように工夫し、落としにくい形にデザインしています。

小さな子どもが両手でゴクゴクと一生懸命に飲む姿を見ていたら、なんとも愛らしくなるようなコップ。

題して、「こぼしにくいコップ」。これが商品名です。

これは、福岡県の小石原焼と、青森県の津軽塗りの二種類をそろえることにしました。

小石原焼は、古時計のゼンマイを加工したカンナをあてて文様を彫る「飛び鉋《かんな》」という技法と、刷毛で等間隔に文様を入れる「刷毛目」という伝統的な技法を使っています。

津軽塗りは、漆を何層にも塗り重ねて作るため、一つのコップをつくるのに、約二カ月の月日がかかる、一品ものです。

どちらも、一つの技法で家族分それぞれの変化を出すことが可能なので、「これはぼくので、これはパパのコップ」というように家族で使いわけけられるのです。

こぼしにくいコップだけでなく、「aeru」の商品はすべてそうなのですが、将来にわたって長く使い続けられるデザインにする、というコンセプトがあります。

職人さんの手仕事で生み出されたものは、一生使えるだけの価値があります。「aeru」の商品は決して安くありませんが、もし、二〇年間使ったら、それはものすごく安い買い物になるでしょう。だからこそ「aeru」では、金継ぎという方法で割れてしまったコップや器を継いだり、漆の塗り直しをしたり、和紙のボールの漉き直しなどもやっています。使い続けたいと思っていただける限り、使い続けてほしいという想いから、リペアのご依頼をホームページから受け付けています。

以前、焼き物の職人さんと話していたときのこと。

「自分はゴミを作っているんじゃないか。山を削り、土を取り、木を伐採して、ものをつくる。自分がものを作らなければ、自然はそのままなのに……」

この言葉に、私は大きなショックを受けました。

「私たちは、今、この豊かな自然があって生かされている。だから、自然の恩恵を受けるだけでなく、自然を守らなければ」

江戸時代の人々は、着物が古くなったら布おむつにして、それがダメになったら雑巾にしていたそうです。日本人はそれくらい、一つの物を大切に使い続けた民族なのです。

だからこそ、一日でも長く愛用してもらえるデザインにしようと決めました。

こぼしにくいコップもその想いを込め、子どもが成長して大人になったら、今度は親子で楽しくお酒を酌み交わすときのぐい呑みにぴったりの大きさです。

伝統産業品は、使えば使うほど愛着がわき、成長とともに長く使い続けられるもの。そんなものたちに囲まれて育った子どもたちは、きっと日本の伝統に魅力を感じる大人になってくれると、私は信じたいのです。

「伝える」ということ

福岡県から 小石原焼の こぼしにくいコップ
あえて取っ手をつけないことで、子どもが自発的に両手でしっかりと持ちたくなるようデザインされている。段差があるので、指のひっかかりがよく、落としにくいカタチ。

「和える」の接客スタイルは、「売る」ことが主体ではありません。あくまでも、「伝える」ことがメインです。「和える」は、

「なぜその商品が生まれたのか」

「どんな職人さんの技術が込められているのか」

「素材は何でできているか」

「子どもたちにとってどんな良いことがあるのか」

を伝え、お客様に知っていただくことを大切にしています。すると、不思議なものでお客様からも、いろいろな質問をいただきます。

「この形には、どんな意味があるんですか？」

「これを作るのに、どれくらいかかるんですか？」

「職人さんって、どんな方なんですか？」

こちらが「売ろう」ではなく、「伝えよう」という想いでお話をしていると、自然とお客様の「知りたい」という欲求につながるようです。

ときには、長時間、お客様とお話をすることもあります。伝統産業品にこれまでまったく関心がなかったけれど、「ａｅｒｕ」の商品に触れたのをきっかけに、興味を持ってく

ださるようになった方も多くいらっしゃいます。

そして、「和える」の世界観を理解した方たちは、その後も足を運んでくださったり、商品をご購入くださったり、メッセージをくださったり、一緒にホンモノをつなげる仲間になってくださいます。


百貨店の催事で、商品を並べておくと、面白いことが起こります。それは、ほとんどのお客さんの頭に「?」が浮かぶのです。

「はて、赤ちゃん・子ども向けって言ってるけど、これって子ども用のデザインなんだろうか?」

「このボール、どうやって使うんだろう?」

「なんかよさそうだけど、この器、どこがすごいところなんだろう?」

そんなときは、お客様の疑問を解決するために、「和える」について語ります。

「aeru」の商品は、子ども向けだからと可愛く作ったりはしていません。

大人が自分で使いたくなるようなホンモノにこだわっています。そのため、一見すると大人が使いそうなシンプルなデザインです。

でも、子どもが使うことを考えた機能性から生まれたデザインで、結果、子どもに合ったものなので、子どもが使うととても可愛らしく見えます。子どもは存在自体が可愛いので、可愛く飾り立てる必要はないのです。

だからこそ、大人になっても使える普遍的なデザインが実現できますし、長く使いたいと思えるからこそ、伝統産業の職人さんの技術が活きてくるとも考えています。そんな話をすると、とても興味を持ってくださり、

「もっと知りたいので、話を聞かせてください」

「何を見たら、伝統産業への理解を深められますか？」

「DMを送ってください」

など、嬉しい反応をいただきます。

これからも、「売る」ではなく、「伝える」でありたいと思っています。

初めての新入社員採用

ありがたいことに、日々新たなお仕事をいただけるようになり、「これはもう、一人で

はとても対応できない……」という段階になってきました。私以外で、和える君のお世話を毎日一緒にしてくれる身近な仲間、社員が必要になったのです。

そこで、周りの方々に、

「『和える』を一緒に育ててくれそうな、感性が優れた素敵な人がいたら、紹介してください」

とお願いし、その中で出会ったのが、柴田智奈美ちゃんでした。

彼女と初めて会ったのは、百貨店の催事の後。催事が終わる時間に待ち合わせをし、その後一緒に食事をする約束をしました。

智奈美ちゃんの話を聞くというよりは、私が「和える」について語っているのを彼女が聞いていた、というほうが正しいかもしれません。

学歴や、これまで何をやってきたかという経歴などは聞かなかったので、彼女は「まさか、これは面接ではないはず」と思っていたようです。

でも、私にとっては、彼女が催事の売り場に現れたときから面接は始まっていたのです。採用を告げたときは、とても驚いていました。

私も以前は、初めて会う方のことは、事前に調べたりもしていました。先に情報を知っておけば、相手の時間を無駄にしないですむと思っていたからです。

けれど、学生時代に多くの人と会うにつれて、取材のお仕事のときは必要かもしれませんが、そうでない場合は、良い点もあるものの、良くないことも多いと気づきました。経歴を知ってしまうと、イメージが先行してしまいがちです。それよりも、その人の本質をつかむほうが何倍も大事。本質さえつかめれば、「この人となら一緒にやっていける」「あの人は○○が得意だから、この仕事をお願いしよう」など、相手にとっても心地良い環境を共に生み出せるのです。

さて、智奈美ちゃんの初日の出社は、青森県弘前市。夜に現地集合というものでした。私は、出張続きで東京に戻れなかったため、弘前に彼女を呼び、職人さんや仕事関係者の方に、

「新入社員の柴田です。みなさん、よろしくお願いします！」

と、紹介しました。それにしても、何が行われるかもわからず、初日の出社が弘前で現地集合などという怪しい会社に、よく入ってくれたものです。

さらに翌日は、「青森県から 津軽塗りの こぼしにくいコップ」が完成したことを、弘前市長に報告するための表敬訪問。本人曰く、一生忘れられないインパクトある初出社だったようです。そんなはじまりでしたが、智奈美ちゃんは「和える」になじんでいってく

れました。

「和える」には、半年間研修をしてゆっくりと新入社員を育成する余裕がありません。その代わり、実践の場で育てていくことを大切にしています。

ロールプレイングでは得られない、現場感。それを感じてもらうために、最初の三カ月間は、地方出張、ミーティング、商品開発会議、講演会など、私のすべての仕事に同行してもらいました、そうすることで、どんな人々が「和える」に関わっていて、その人たちとどんな仕事をしているのかを知ってほしかったのです。

智奈美ちゃんは、

「明日の会議はどういう内容ですか？　どこへ行くのですか？」

などと根掘り葉掘り聞かずに、とにかく私について回り、自分で吸収して、今何をすべきかを、その場でつかみ取ろうとしていました。彼女は、親鳥の後を追うヒナのように、私の後についていてきてくれます。

「彼女なら大丈夫だ」

そう確信して、徐々に仕事を彼女に任せることにしました。

「常識にとらわれていないこと」。

これが「和える」の社員に必要な性質です。これから新しいもの、新しい価値を生み出そうとしているときに、半ば経験を持っていると、その経験が邪魔になってしまいます。「和える」の社員はみな、和える君が生まれた想いを、頭で理解するのではなく、感じて、その意味を自分なりに捉えながら、伝えていってほしいと思っています。和える君の子育てを一緒にしながら、本人も成長していけば良いのです。

完成されたスーパーマン、スーパーウーマンは「和える」には必要ありません。純粋で無色透明、誰からも愛されて、自分の目で見て感じた直感を信じ、行動に移す力がある。そして、わからないことはわからないと人に聞けること、教えてもらったら素直に聞き入れ、自分なりに活かす力を持っていることがとても大事です。

私も智奈美ちゃんから教わることがたくさんあります。

彼女は、バックヤードの誰もいない部屋に入るときも、必ず「失礼します」と声をかけてからドアを開けます。また、私が座りながら声をかけると、必ず近くに来て、私と同じ目線の高さになって「はい、なんでしょう?」と聞いてくれます。

そういう気持ちの良いコミュニケーションが自然とできる子なのです。

智奈美ちゃんが入社したことで、私は以前よりも、もっともっと「和える」の未来を見ながら仕事ができるようになりました。これは、一人のときにはできなかったこと。

一年後、二年後、五年後、一〇年後を見据えながら、経営者として、和える君の母として、私自身もさらに成長し始めています。

初の直営店オープンに向けて

「和える」は、今どんどん伸びていく成長期に入っています。

和える君を育てている私たちは、彼の成長に合わせて、二〇一四年七月二六日、「aeru」初の直営店舗のオープンを決めました。かなりの出費も伴うので、母としては一大決心です。

これまでは、百貨店での一部常設販売コーナーと、年に何度か開催される百貨店催事、それにオンラインショップでしか購入できなかった「aeru」の商品。

これからは、「和える」の世界観を感じながら、お客様がいつでもじかに商品を手にとって、感触を確かめて購入いただけるのです。私は会社立ち上げ当初からずっと、お店を構えたいと思っていました。

「まずは、どんな物件があるのか探してみよう」

インターネットで検索を始め、気になる物件をいくつかピックアップして、不動産屋さんへ。記念すべき「aeru」第一号店となる店舗です。たくさんの物件を見て、探し回りました。

最初は、赤ちゃんと子どもの日用品のお店が多い東京の代官山、六本木、麻布十番、表参道エリアで探していました。けれど、都内の一等地に出すには、資金的に厳しかったり、そもそも空き店舗がなかったり、なんとなく「aeru」の雰囲気とは違ったりと、なかなかイメージに合ったところが見つかりませんでした。

「なにかが違う！」

そう思いながら、三カ月ほど物件探しを続けた結果、「aeru」の一号店にふさわしい立地条件がわかってきました。その立地条件とは、
一　どんな人でも来やすいように一階の路面店
二　駅から歩きやすい徒歩五分以内
三　いろんなところから来やすいように、三路線以上の電車が通っていること
四　ゆっくりと見ていただけるように閑静な場所

五　お店の周辺からも「ａｅｒｕ」らしい空気が流れていること
　そこで、それまでとは思考を変えて、こちらから出店希望エリアをお伝えするのではなく、この五つの条件に会う建物を不動産屋さんに探していただくことにしました。

　すると、「今までご指定いただいていたエリアとは異なりますが、一店舗だけ条件に合う物件が見つかりました」と連絡があり、聞くと、それまで考えてもいなかった目黒駅近く。しかも、二〇一四年五月に建つ新築物件で、建物名はＳＥＥＤ（種）。ちょうど夏頃にオープンしたいと思っていたので、ゼロからスタートする「ａｅｒｕ」のお店としてはこれ以上ない条件です。

　早速、「和える」のみんなで建設予定地に行ってみることにしました。

「あれ？　なんか、ここすごく良い気がする！」

　瞬間的に思ったのです。ここの土地の醸し出す空気が清らかなのです。しかも五つの条件にすべて当てはまっています。私たちは顔を見合わせて、

「ここいいね」

　とうなずきあいました。

　念のため帰ってから周辺情報を調べると、どうやら二〇一七年にこの周辺一帯の再開発が終わり、人の流れが変わるようです。しかも、周辺は一部緑地化される予定となってい

ます。何もかもベストな条件がそろっています。

ただし、この物件を直感で「いいな」と思えたのは、その前に「何かが違う」「なんかいまひとつ」といった物件をたくさん見てきたという経験があったからこそ。そういう経験を繰り返すと、自分が求めているものがより明確になり、「これがいい！」と感じられるようになるのです。

六月現在は、「ａｅｒｕ」第一号店の内装工事の真っ最中。階段箪笥から着想を得た、可動式の棚がシンボルになる予定です。


お店の名前は、益子焼の職人さんのところへ行く道中で話し合い、「ａｅｒｕ ｍｅｇｕｒｏ」に決定！　くしくも目黒は、二六年前の七月二四日に私が誕生した土地でもあるのです。「和える」の一号店が、その目黒に七月にオープン。不思議なご縁を感じています。

「ａｅｒｕ ｍｅｇｕｒｏ」では、「ａｅｒｕ」のすべての商品に触っていただくことができます。催事でお客様に話すのと同じように、「和える」の想いや、職人さんがどのように子どもたちのためにものづくりを行うのか、どのようにものを使えば長持ちするのかなど、丁寧にお伝えしたいと考えています。

また、お店では選ぶ楽しさも体験していただけます。職人さんが心をこめて作った商品は、みんな一つひとつ、少しずつお顔が違うので、一番お気に入りの子を選んでいただき、連れて帰っていただけます。

これまでの常識では、ただ置いておくだけで売れるのが素晴らしい商品と言われてきました。ですがこれからは、それはもちろんのこと、さらに、その商品が生まれた背景を説明し、理解していただいてから、世に送り出すことが大切なのではないでしょうか。

そんな物語が語られた商品は、きっと大切に可愛がってもらえるはずです。

親から子どもにその商品の魅力が語られ、子どもが愛着を持って大事にしてくれることを願って、私たちは商品たちを送り出します。

「和えるっ子」が活躍する日本を夢みて

赤ちゃんは喋れないから、何もわかっていないと思っていませんか。

それは違います。実は、赤ちゃんこそ、最もお目が高いお客様なのです。赤ちゃんは喋れない分、キラキラと輝いた感性に満ちあふれています。だからこそ、見たもの、触れたもの、口に入れたものが、自分にとって気持ち良いかどうか、一番正確にわかる感度の高いセンサーを持ち合わせているのです。

そんなお目の高いお客様たちは「ａｅｒｕ」の商品に敏感に反応してくださいます。

たとえば、「愛媛県から 手漉き和紙の ボール」。先日、催事で赤ちゃんがこの和紙のボールで遊んで、放さなくなったことがありました。指がちょうど穴に入るようになっているので持ちやすく、穴から中をのぞくと鈴が見えるというのも気に入ってくれたのかもしれません。

お母さんが帰ろうとして、ボールを私たちに返そうとすると、赤ちゃんはわんわん大泣き。困ったお母さんが、もう一度ボールを手に戻してあげたところ、ぴたっと泣きやんでとってもご機嫌。

その様子をお母さんは、

「この子、おもちゃを取り上げられたからといって、こんなに泣いたことは今までなかったんですよ。よっぽど気にいったんですね」

と、わが子の反応を見て、職人さんが作っているものが、他のものと何かが違うことを感じてくださったのです。

もともとは、私の「気持ちの良い和紙を触りたい」という想いから生まれた商品でした。

子どもたちも、和紙を触る心地よさで満たされるのかもしれません。

赤ちゃんは、嘘をつけません。とっても純真で素直です。

だからこそ、我慢できる大人と違って、本当に心地良いものを知っていますし、本能的にそれを求めるのだと思います。

「赤ちゃんから支持されるものを生み出すことが大切なんだな」

私はいつも胸に刻んでいます。


私は和える君の母として、「こんな大人になりたい！」という息子の声に耳を傾けながら、和える君が成人する二〇歳までのイメージを常に考え、計画を立てて着々と実現に向けて動いています。これからさらに成長していく和える君は、育児用品のブランドだけにとどまりません。

私がやりたいことは、日本の古き良き先人の知恵と、今を生きる私たちの感性を「和える」こと。自国の伝統を活かしながら、本質を和えることで、さらに魅力的な文化を日本に生み出し、新たな伝統を生み出したい。

その第一章が、伝統産業の技術を活かした、育児用品を生み出すことなのです。

これからの展開を少しだけお話しすると、伝統産業に触れて大きくなってきた子どもたちと共に、「職人さんに逢える　和えるツアー」をやりたいなと考えています。

私は、あらゆる面から、子どもたちとその家族の感性を磨くお手伝いができたらいいなと思っています。

伝統産業が衰退してしまったのは、戦後、日本の伝統文化を伝え続ける教育がなされてこなかったからでもあります。今こそもう一度、日本人が自国の伝統に触れられる環境を生み出し、自然と子どもたちが学べるようにするべきではないでしょうか。

私たち「和える」は、自国の伝統を子どもたちに伝え、またその子どもたちに語り継いでもらえるような好循環を、もう一度生み出そうとしています。

それと共に、自分たちも、種をまき、肥料や水をやり、育て、刈り取る。刈り取ったら、また種をまき……。

そんな循環型の企業になれるように、「和える」のこれから生まれてくるであろう、様々な事業一つひとつに「次世代の子どもたちに、日本の伝統をつなげるために必要」という軸を大切にし、一貫性を持って育てていきたいのです。

二〇年後、「ａｅｒｕ」の商品で育った子どもたち、つまり「和えるっ子」たちが、それぞれの時代の感性で、日本の伝統の魅力を伝えていってくれる……そんな未来を夢見ています。

第五章

「和える」流二一世紀の経営スタイル

「感性」で経営する時代が来た

これからは「感性経営」の時代だと思っています。

感性経営とは、自分の直感や感性を信じて経営の舵をとっていくスタイルのことだと、私の中で定義しています。

本来、経営とは、緻密なマーケティングや理論をベースにビジネスの基礎を築いたり、どれだけ経験値があるかを重視したりします。ですが、実はビジネスって、すごくシンプルなものなのではないかと思うのです。

私が日本の伝統産業で育児用品を作っている理由は、本当のところ、

「もしも将来、子どもが生まれたら、私の大好きな職人さんが作ったもので育てたいな。そのためには、今から作らなければ。それに、私が欲しいと感じるということは、きっと他にも欲しい人がいるはず」

という単純な動機からです。

えっ？　それだけ？　と思うかもしれませんが、案外これが「ビジネスの種」いわゆる「シーズ」になるのではないでしょうか。

ありがたいことに、今では職人さんの制作が追い付かないくらい、商品を子どもたちに贈っていただけるようになってきました。これは、私の生み出したシーズに、みなさんがニーズを感じてくださったからにほかなりません。

これからの時代は、生活者の顔色をうかがいながら、ものを作るのではなく、「こういうものがあったら経済的だけではなく、心身ともに豊かになり幸せなんじゃないか」

という提案から始まっても良いと思います。経験がなくても、自分の感性に素直に自然体で考えることができれば、きっと、いえ必ずビジネスはうまくいくと信じています。

もちろん論理性と理論値も大事なのですが、それは最後の確認。まずは自分の直感に耳を傾け、それを少しずつ言語化していく。そんな流れで私はいつも、好循環を生み出すための、次のビジネスのアイデアを考えています。

儲かるか儲からないかを基準に経営をしていると、つらい仕事はますますイヤになるばかりです。どんなに大変なときも、仕事を続けていけるのは、やっぱり「好き」という気持ちが強いからだと思います。

「好きなことをやっている」

この気持ちが、自分の感性が磨かれ信じる基盤にもなり、どんな出来事も乗り越えていけると思うのです。

経営と子育ての共通点

私は、和える君の産みの親です。最初は、一人で和える君を産みました。けれど、目の前にいる和える君は、私が世話をしないと生きていけないし、かといって、私一人で和える君を育てることはできません。だから、一緒に子育てしてくれる仲間を探しました。

そうして、和える君を育てて四年目になりましたが、時がたつにつれて、「経営と子育ては、本当に似ているなあ」と思うのです。

和える君が誕生してから一年目、二年目までは、和える君はすぐ風邪をひいたり、熱を出したり、イヤイヤ期をむかえたり……、明日、何がおきるかわからないという状況でした。その間は、お金が底をつくこともあり、本当に大変。今だから言えますが、口座に毎月数百円しか残っていなかった時期もあります。

ところが、二年を過ぎた頃から、和える君が変わり始めました。体が少し丈夫になって、お留守番もできるようになってきたのです。その頃から、私も「和える」からご飯を食べさせてもらえるようになり、社員を雇用することもできるようになりました。

よく「三つ子の魂百まで」と言いますが、会社も同じです。最初の三年間に、どれだけ愛情を注いであげられたかによって、会社はどんな成長を遂げるのかが、変わってくるように思います。

愛情が満ち足りた子どもが、どんな世界に飛び込んでも良好な人間関係を育み、真っ直ぐに生きていけるように、会社も最初の三年間で、創業の根幹でもある大切な「魂」を育ててあげれば、強い子に育つのだと思うのです。

私は新米ママです。学生で起業し、社会経験も一切ないまま突然経営者となり、和える君のために何をしてあげれば良いのかわからないときもありました。もちろん今でも悩むこともあります。

でも、最初は誰だって、子育ての経験ゼロ。子どもから教わって、少しずつ親らしくなっていくのです。私たちはみな、子どもたちに育てられているのだと思います。

しなくていい苦労はしない

よく「苦労は買ってでもしろ」と、おっしゃる方もいますが、私はそうは思いません。もちろん、したほうがいい苦労もあるけれど、しなくていい苦労をする必要はない。それが私の考え方です。

しなくていい苦労とは、先人たちがすでに経験した大きな失敗。彼らが挑戦して失敗したのなら、もう一度、私たちが同じ失敗をする必要はありません。

せっかく遺してくれた先人たちの失敗を活かさなかったら、また同じ苦労をするだけで、そこには発展性がありません。失敗を活かすことこそが「知恵」なのだと思います。

私たちは、先人とは違う苦労をすることで、新しい道を開拓し、次の世代がさらに発展していけるように知恵をつないでいく必要があるのです。

先人たちが耕してくれた畑は、耕す前よりも良い土壌になっているのですから、私たちはそれを超えてこそ、先人の努力に報いることができるのです。

この繰り返しで、人類は進歩していけるのではないでしょうか。

そうは言っても、しばしばかけられる言葉は、「そんな道、よく選ぶね。大変でしょう」。私のしていることは、もしかしたら茨の道を進んでいるように見えるのかもしれません。その姿は、苦労と映るのかもしれません。

けれども、私自身は楽しいと思ってやっているので、苦労を感じないですし、自分のやっていることを投げ出そうとも思いません。

私が楽しみながら失敗したことを、次の世代が学んで、知恵として受け継いでくれれば、その子たちは私たち以上にしなくていい苦労が増え、もっともっと新しいことへの挑戦ができます。これが人類の進化というものなのだと考えています。

原点回帰。その仕事は、なんのために？

いろいろな場所で講演をさせていただく機会がありますが、その中でも企業の新入社員に向けての講演会で、みなさんに必ず考えていただいていることがあります。

それは、

「なんのために、今の仕事をしているのか？」

ということ。

たとえば、新卒で営業部に配属されて「一日八〇件、電話をしろ」と言われた場合、ほとんどの人は、

「なんで、八〇件も電話しなきゃいけないんだろう。すぐに電話を切られるし、断られるし、こんなつらい仕事はいやだ」

と苦痛に思うことでしょう。でも、もし、

「この商品のここが素敵だから、ぜひ使ってほしい」

「この商品の魅力をみんなに知ってほしい」

と心から思い、その商品の魅力を伝えようと電話をかけるなら、それは苦痛にはならないはずです。

つまり、なんのために毎日営業の電話をかけているのか、という原点、本質を思い出すことで、仕事はずっと楽しくなるのです。

そのためには、

「その商品がなぜ作られたのか」

「どうやって作られているのか」

「似たような商品がある中、その商品だけにある魅力はどこか」

を知らなければなりません。

もっというと、なぜその子（会社）が誕生したのか、親である創業者の想いをどれだけ感じられているかが大切です。そこまで考えてようやく、「なんのために、この仕事をしているのか」を、少し理解できるようになるのだと思います。

今の日本は、原点や本質を忘れて働いている人が多いように思えてなりません。人が仕事をする以上、コンピュータとは違って、感情があるはずです。それなのにルールに従って仕事をしていると、次第に感情は無視され、失われていってしまいます。

「なんのために仕事をしているのか」

この原点を顧みることを忘れて、毎日同じようなことの繰り返しばかりしていては、仕事が楽しくなくなってしまうでしょう。

私は「二一世紀の子どもたちに日本の伝統をつなげる」という強い想いで会社を創業しました。和えるファミリー（社員、外部パートナー）、そして職人さんたちみんなには、まずはこの想いを知っていただくために、何度も何度もお話をします。

そのうえで、誰もがみな、「『和える』にとって最もいい選択は何か」という同じゴールに向かい、仕事をできる環境づくりが欠かせません。

新入社員の方々に限らず、もし、

「自分はなんで、こんなつらい仕事をしてるのだろう？」

と思ったら、なぜ今の会社を志したのか、何をやりたいと思って入社したのか、そんな原点を思い出してみてほしいのです。

そうすれば、ワクワクしながら楽しく仕事をする、そんな働き方に変えられるはずです。

もしそれが思い出せなくなってしまったのであれば、それは、今の仕事を見直すいい機会かもしれません。

半歩先の時代を見据えて

最初から意図していたわけではありませんが、「和える」のやっていることは、半歩先の時代を見据えているように思います。

半歩先というのは、二、三年くらい先の未来です。


大学生のとき、伝統産業の産地を回り始めた頃は、まだ時代が追いついていなかったように思います。

「伝統産業なんてビジネスにならないよ」

「そんなことより、低迷する日本経済をどう活性化させるかのほうが大切でしょ」

そう考えている人が大多数でしたが、一部の人が、伝統産業の魅力に気がつき、その可能性を感じたからこそ、私に起業する機会をくださったのだと思います。

でも、その流れは、今、確実に変わっています。

「日本の伝統を、子どもたちにつなぎたい」という話をすると、耳を傾けてくださる人が増えてきたように感じます。

きっと、大量生産・大量消費という二〇世紀的な経済活動に疲れて、そんな経済の流れに疑問を持ち始めた人が増えてきているのでしょう。

ただ、人間の弱いところは、疑問を持っていても、それを声に出せないところです。大多数の人が二〇世紀的な社会の仕組みに疑問を持ちながらも、そのど真ん中で生きているので、声をあげると自己矛盾に陥ってしまいます。

でも、私が活動する中で直面した社会の仕組みに対する疑問を率直にお話しし、それを「和える」は変えようとしているとお伝えすると、何かを感じることがあるらしく、「自分が感じていた違和感は、これだったんだ！」

それまで潜在的に感じていて、言葉にできなかった心のモヤモヤが、「和える」の取り組みや考え方を聞いて、顕在化されるそうです。

私は、今の社会の仕組みにうすうす違和感を抱いているけれど、まだ自覚できていない人が、日本にはまだまだたくさんいると思います。とはいえ、これはすごい変化です。違和感を持つところまで、ようやく時代が成熟してきたのです。

だからこそ「和える」は、違和感を持ち始めた人たちとともに、どんな日本を次世代に残したいかを一緒に考え、実践できる機会を生み出していきたい。「ａｅｒｕ　ｍｅｇｕｒｏ」でも、そんなことをみなさんと一緒に語らいながら、実践に移していく機会を生み出したいと考えています。

「和える」の取り組みや考え方に、社会の人々が耳を傾け始めてくださっているのも、時代にぴったりマッチしたからです。もしこれが五年先なら、解答を出している人や企業が現れていて、「和える」はここまで注目されなかったのではないでしょうか。逆に五年前でも上手くいっていなかったと思います。

半歩先を見つめる経営。それは、自分の中に生まれた感性を信じながら、ブレない軸を持って一歩ずつ着実に前進していくこと。

けれど、感性は自分一人でいきなり鋭くなるものではありません。今まで関わってくださった、たくさんの人々のエッセンスが和えられて、磨かれていくのではないでしょうか。

モノの時代から感性の時代へと移行し始めている二一世紀。

常に、時代の半歩先を歩みながら、「和える」は成長し続けていきます。

二一世紀を生きる私たちが追い求めるべき豊かさとは

今まで散々、二〇世紀的、二一世紀的という話をしてきましたが、どちらが良い悪いという話をしたかったわけではありません。

二〇世紀があったからこそ、二一世紀がある。そして、二一世紀を私たちが次世代のことを考えながら、一生懸命に生きていけば、きっと二二世紀はやってくる。

そんな中で、二〇一四年の今は、なんとなくまだ二〇世紀と二一世紀の接続途中という感じを受けます。

でもまだ何かが足りない。

戦後、これほどまでに経済成長を遂げ、復興した国は、世界広しといえども日本しかないと、世界の国々からも言われています。それだけの偉業を成し遂げた先人は、本当にすごいと思います。後世のために一生懸命がんばってくださった先人がいるからこそ、今私たちの世代は、平和に暮らせているのです。

一方で、急激に経済を成長させるためには、日本の文化や精神性を一度置いてこなければならなかったのだとも感じます。それは仕方のないことです。

この平和な時代に生まれた私たちが、これから日本各地にひっそりと残って、お迎えを待っている文化や精神性を探しに行けば良いのです。今ならまだギリギリ、それらを伝えられる人々、日本の宝物がまだ残っています。

あと五年も経ったら、どれだけの数が失われていくでしょうか。

今、私たちは、日本に何百年、何千年と伝わってきた伝統を、自らの手でぷっつんと切ることも、つなげることもできる時代に生きています。そして、その選択を迫られています。

しかし、このまま先人が開拓してきてくれた経済成長を、これまでと同じように追い続けていては、進歩がないどころか、退化しているといっても過言ではありません。

平和な時代を生き、これからの日本を担う私たちは、「どんな日本を自分たちの子どもに残していきたいか」今こそもう一度、真剣に考える必要があると思うのです。

これからの日本が、真の先進国となる道を進むために大切なことは、ゆるやかな経済成長と、心の豊かさの両方をバランスよく追い求めていくことではないでしょうか。

コネクティング・ドッツ

私が、職人さんと会ってみたいと思ったのは、今のような仕事がしたかったからではありません。どちらかというと、好きなことをやっていくうちに、点が線になって、線が面になって、今の仕事になったといえます。これを英語で「コネクティング・ドッツ」といいます。ドット（点）をつなげるという意味です。

私の場合、きっと一つずつの点が、ものすごく楽しかったのだと思います。「日本各地に行ける」「職人さんに会える」「伝統産業品を直接見ることができる」「美しいものに触れられる」……そんな楽しい点がいっぱいあって、それをいくつも手に入れたのです。

楽しい点をたくさん持っていれば、自ずと良い線が結べて、どんどん結んでいった結果、「あっ、魚の形が見えてきた」「こっちはライオンの形をしている」というように、星座（やりたいこと）を発見できるのではないでしょうか。

とはいっても、この点にはいろいろなレベルがあります。質の良い点がどれか、それほど良い点ではないけれど、個性豊かな点はどれか、などは、実際に経験してみないとわかりません。

どんな形になっても、私は失敗だと思いません。楽しい、興味があると思って触ったからです。

私が子どもの頃、天体が大好きだった祖母に、よく星座の本を見せてもらっていました。祖母は、「これが里佳ちゃんの誕生星座、獅子座だよ」と教えてくれるのですが、私は内心、「この線をつないでも、獅子に見えないよぉ」と思っていました。

でも、大人になってから、それこそが見えている人と、見えていない人の差なのではないかと考えるようになりました。星座を発見した人は、点を結んで線をつないで獅子が見えたから、「あれは、獅子の形をしている」と言い続けて、獅子座になったのでしょう。

リーダーも同じです。見る力が弱いと、同じ星空を見ても獅子には見えません。でも、自分を信じて点から線を結び続けた人には、きっと獅子の形が見えてくるはず。

リーダーとは、今はまだ形のないものを見出し、世の中に新たな価値を生み出し、自分と周りと社会の人々を幸せにしていく人のことではないでしょうか。

だからこそ、「先が見えるリーダー」になれるように、自分を信じる力が問われ続けているように感じます。

子どもがいるから能力が上がる

私は、和える君という長男はいるものの、現実はまだ子どもはいません。いつか結婚したら、子どもはほしいなぁと思っています。

経営と子育てはよく似ていると書きましたが、自分に子どもができたら、やっぱり和える君と同じように、小さいときほどたっぷり愛情を注ぎつつ、過保護にならないように、社会のみんなと一緒にお世話をしていきたいと考えています。

そのためには、そうやって働ける環境を作らなければなりません。

今の日本は、女性が働くことを推進していながらも、実際には子どもを預ける場所が足りなくて、働きながらの子育てがまだまだ大変な時代だと思います。本来なら、子どもはもちろん、子育て中のお父さん・お母さんにも、国がもっとやさしい政策をとらなければならないはずですが、なかなか実現しないのが現実。

それならば、制度が整うのをただ待っているだけでなく、働ける環境をつくることも大切だと思います。

とはいっても、なにも大それたことをしようといっているのではありません。身の回りからできることを、仲間に働きかければ良いのです。

私の母は、今から約二〇年前に起業しました。当時は、今と違って、女性が働きながら、しかも起業しながら子育てをすることに、ほとんど理解がありませんでした。

それでもなんとかやってこられたのは、近所の人々の助けがあったからです。幼稚園にお迎えにいけないときは、近所の人に行ってもらったり、ときには家で預かってもらったり。母なりに、自分が働ける環境をなんとか築き上げていったのです。

そんな母親の背中を見ていた私は、「政府は何もやってくれない」と言うだけでなく、自分で切り開かないといけないと感じています。


幸い、私は自分で会社を立ち上げているため、子育てをしながら働ける環境作りをできる立場にいます。それに、「和える」は、まだ独身の若い子たちの集団。みんなこれから結婚して、子どもを産み、育てていくのです。

そこで、今考えていることは、会社に子どもを連れて仕事にくる、いわゆる子連れ出勤のスタイル。そして、会社がベビーシッターを雇うという構想です。会社の利益を、仲間の子どもたちのために使うことは、「和える」の本質にもかなっています。

また、社内保育はするけれど、ときにはおんぶをしながら仕事をしたり、子どもの寝顔を見に行ったりしてもいいと思います。まだ子どもがいない若い社員も、先輩社員の子どもと触れ合う日を設けて、子どもからいろいろ教えてもらうことができたらいいなと考えています。

このように、仕事と家庭をわけずに、家族のような仲間と、自然な流れの中で子育てをしていくような会社に発展していけたらいいなと思うのです。それに、「和える」は、伝統産業の技術を活かして育児用品を作っている会社です。きっと赤ちゃんが会社内にいることで、新しいアイデアやヒントも生まれるはずです。

まだ現実にはなっていませんが、子どもがいることで、みんなの能力が上がる会社……いつかそんな新しい働き方を体現し、社会に提言できればと考えています。

ワークとライフを和える

「ワーク・ライフ・バランス」という言葉があちこちで聞かれます。でも、私はそもそもワークとライフは別ものではないと思っています。ライフがあって、ワークはその一部です。そして、ワークを抜いたライフは、非常に物足りない人生になってしまうと感じています。

たとえば、「仕事は一切せずに、毎日遊んでいてください」と言われたら、遊び続けられますか？ きっと、三日くらいで飽きてしまうのではないでしょうか。今、私たちは毎日忙しく働いているから、ワークとライフをわけたくなっているのではないでしょうか。

定年後、「何をしていいかわからない」という話をよく聞きますが、人間は働くことによって社会とつながり、自らに何らかの存在価値を見出しているのだと思います。労働は、実は生きる活力になる貴い営みなのです。

でも、その「働く」という営みが、二〇世紀に「お金を得る」という行為に変わってしまいました。それゆえ、働くことを苦役に感じてしまうのです。

本来、働くとは、自分のためだったり、誰かのためだったりしたはずです。そして、その対価が物だったり、「ありがとう」という言葉だったりして、精神的に満たされていたのです。

内定を複数もらった新卒者の中には、初任給の額で会社を決める人もいると聞いたことがあります。それぞれの会社で、仕事内容はまったく違うはずなのに、「いいお給料をもらえるから」という理由で、自分のライフの一部であるワークを決めてしまいがちです。ですが「働く＝お金を得る」が動機で入社してしまったら、お給料が下がったり、つらい仕事を与えられたら、すぐに辞めたくなってしまうのではないでしょうか。

その一方で、お給料や社会的地位ではない指標を自分の中に見出し、「私のやりたいことをやっているこの会社で働きたい」と就職する人も増えています。これは、本来の「働く」の意味に戻ろうとしていて、良い兆候ではないでしょうか。

働くことがライフの一部に置き換わり、お金のためではなくて、自分の生きがいや精神性、存在価値など、さまざまなものを得られる場に戻り始めている証拠です。

働くことは、人生を活き活きとさせるために欠かせない要素です。だからこそ、「楽しい」「おもしろい」と思える働き方をしてほしいと思っています。


「自分のパートナーが転勤になったら、あなたは『和える』を辞めますか？」

これは、私が面接をするときに、必ず聞く質問です。なぜ、そんな質問をするのかといえば、その程度で辞めるのなら、「和える」には入らないほうがいいと思うからです。

「パートナーが転勤したら、離ればなれになれというの？」

そう思う人もいるでしょう。そんなことは言いません。

「パートナーも大切だけれども、私の人生の中で、この仕事も同じくらい大切！」

そう思う気持ちがあれば、働き方は一緒に考えていけばいいと思うのです。

もちろん、どっちが良くて、どっちが悪いということではありません。どちらの生き方も、その人次第です。

ワークがライフの中にある人は、「私は、○○がしたい」という軸のある人です。そのような人は、仕事を通して自己実現をしていきたいと考えているので、そう簡単には辞めないと思うのです。

ワークをライフの中に置くか、外に置くかは、自分次第なのです。

子どもたちに何を手渡すか？

日本は少子高齢社会を迎え、今後、女性の労働力がなければ成り立たない社会になってきています。けれど、今の社会はまだまだ男性社会。

女性と男性の脳や身体の構造はまったく別で、女性が男性社会の中で男性と同じように働こうとすれば、必ず無理が生じます。

一九八六年、日本で男女雇用機会均等法が施行され、女性総合職という職種が生まれました。性差別なく、男女ともに同じ仕事を行えるというものです。

その時代に女性総合職になった四〇代後半の先輩方と話をすると「男性に負けちゃいけない」「男にならなきゃ」と、女性なのに男性の思考に感じることがあります。

三〇代の先輩になると、「男性に負けずにがんばらなきゃ」と思う一方、半分は「女性らしくありたい」と考える人が多いように感じます。

私は思います。今の二〇代は、女性が男性になる必要はまったくありません。むしろ女性ならではの感性を活かし、社会の中で上手に男性の良さと女性の良さを和えていくことが、求められているのではないでしょうか。

二一世紀に誕生した会社「和える」が目指したい「働く」は、仕事と家庭を別々に考えない働き方です。それは、事業の行方にも影響を与えます。

たとえば自分が、ビルを建てるという仕事を請け負ったとき、山一個分の木を全部切り倒し、そこにビルを建てるという選択を、子どもや孫の前で言えるでしょうか。

経済的理論で考えれば、山の木を全部切り倒して、ビルを建てたほうが収益はあがるかもしれません。けれど、そのことによって生態系は破壊され、お孫さんたちの代になると、この地球は深刻な環境問題を抱えたり、場合によっては滅んでしまうかもしれません。

そんな地球を、自分の子どもや孫に手渡したいと思う人は、誰一人いないはずです。

それなのに、収益があがるという理由だけで、こうした決定がなされてしまうのは、仕事と家族を別物だと考えているからではないでしょうか。

二〇世紀、私たちは経済活動を発展させることばかりに目を向けた結果、自分の子どもたちに、悲鳴をあげた地球を手渡すことになってしまいました。

でも、だからといって先人を責めるつもりはありません。知らなかっただけなのです。先人が経済発展をしてくれたおかげで、この平和な時代に私たちは生まれることができたのです。

ただ、これだけ社会にひずみが生じ始めて、ようやく「これではいけない」と思う人が少しずつ増えてきたと感じています。

自然と共存していく大切さを身に染みて知っている私たちの世代は、自分たちの子どもに幸せな暮らしを手渡すため、仕事、家庭、社会も含め、もう一度、自身の生き方を考えなければならないと思うのです。

そのためにも、私たちは次世代の子どもたちのことを考えた上で、新たに社会の仕組みを構築する必要があります。

常識と言われているものに、一度疑問を持ち、もしも違和感を感じたら、それを解決しようと、一人ひとりが行動に移すことが大切です。

一〇割病にかかりたくない

「和える」はまだ生まれたばかりの会社ですが、創業期から誠実な会社でありたいと思いました。毎日、気持ちよく働けないと、良い仕事ができないと思ったからです。

企業の中には、土日も休日もなし、社員の社会保険や年金加入もしないというグレーな雇用形態のところがたくさんあります。でも、やっぱりそういう企業で働いている人は、余裕がなく、みんなどこか顔が曇っているように感じます。

そこで、新入社員の智奈美ちゃんを採用するにあたって、社会的な保障をすべて行い、社会保険労務士さんと弁護士さんに「和える」の働き方を伝えて相談し、就業規則も決めました。

私の理想の働き方は、八割働いて二割余裕を作っておくこと。ただ、今はほぼ一〇割働いてしまっています。これだと、数ヶ月先まで常に予定が入っているので、「ちょっとしたミーティングを入れたい」「緊急の用件がある」というときに、なかなか時間がとれません。

それに、ゆっくりと思考するインプットの時間や、部屋を整理整頓する時間も必要。

また、余裕がないと、人を思いやれなくなってしまいます。道を歩いていて誰かに道を聞かれた場合、余裕があれば、丁寧に教えてあげたり、一緒に目的地までついていったりできます。でも、余裕がないと、声をかけられても「すみません」と言って答えてあげられなかったり、簡単に教えてその場を去ったりしがちです。

地方によく行く私は、なんとなく東京の人は一〇割病にかかっているように感じます。そんな東京人を見て、

「あ〜やだ。私は一〇割病にかかりたくない」

と思うのですが、現実的には自分もかかりかけている状態。だからこそ、私一人で抱えるのではなく、和える君を育ててくれる仲間を毎年少しずつ会社に迎え入れて、二割の余力を残せるようにしたいと思っています。

それに、私が一〇割病だと、一緒に仕事をしている仲間が私に相談したくてもできなかったり、何かトラブルが起きたときに、その対処を一緒にできなくなってしまいます。

そう考えると、私がプレイヤーとして最前線にいつつも、現場にいる若者たちにある程度任せて、次を育てていくことも、経営者として大切なことだと思います。だからこそ、

社員を最前線に連れ出し、私の意思決定の基準を感覚的に養ってもらっています。

最近よく、

「矢島さんは、和えるをどれくらいの規模の会社にしたいですか？」

と聞かれることがあります。私はその度に、

「社会のみなさんから、どれくらい求めていただけるかによって、会社の規模は自ずと決まってきますよ」

とお答えしています。

もちろん、和える君がどこまで育っていくのか、できることなら少しでも大きく成長して欲しいと、経営者として、母として、願うことはありますが、決して、身の程に合わない成長は望んでいません。

私たちは、和える君の成長と共に成長していけるよう、これからもがんばっていきたいと思います。

おわりに

最後までお読みくださり、ありがとうございました。
読み終えた今、どんなお気持ちでしょうか。
あなたの心に何が残りましたか。

本書を書くにあたって、おのずと二五年間の人生を振り返えることになりました。そして、「比較的自分に素直な生き方をしてきたなぁ」と、我ながら改めて思いました。大人になると、自分に嘘をつけるようになります。それはときに、社会で生きていくための協調性と言われるものにつながっているのかもしれません。けれども、自分の気持ちに嘘をつき続けると、どこかで嫌になってしまったり、身体がついてこなくなったり、心を病んでしまったりするのではないでしょうか。自分に素直に生きるのは、もしかしたら今の時代、とっても難しいことなのかもしれません。

私は一九歳のときから、日本全国の職人さんを取材して回る中で、本当に自分に素直で真っ直ぐ生きてきた大人にたくさん出会うことが出来ました。なーんにも難しいことはなくて、正しいと思うことは正しいと大きな声で言う、正しくないことは正しくないと大きな声で言う。そうやって生きていたのです。すごく潔い生き方。損得感情ではなく、愚直なまでに真面目に、自分の心が正しいと判断する方を選択されます。長い人生を真っ直ぐに生きていく、素敵な大人の背中をたくさん見せてもらいました。

いくつになっても、「自分の気持に素直に生きていけるんだ！」そんな人生の先輩たちを見ていたら、自分の信念を曲げずに生きていくことが結果、良い年の取り方につながるんだなぁと思いました。素直に生きて損をしても、長い人生考えたら、ほんの一瞬で、それよりも信念を曲げ続けて生きていたら、そのうち元に戻れなくなってしまいます。

今の世の中、お金がなくなることに少なからず恐怖を覚えている人は多いようにも感じます。けれども、自分で畑を耕して野菜を育てれば食べる物には困りません。野菜で保存食だって作れるし、自分の作った野菜を持って、魚と交換してもらうことだってできます。自分で何かを生み出せる人であれば、自分の生み出したものと、相手の生み出したものとを交換しあうことで生きていけるのです。

だからこそ、私はお金がなくなることよりも、知恵が失われていくことのほうが怖いと思います。どうやって野菜を作ればいいのか、わかりますか。どうやって魚を獲ればいいのか、わかりますか。わからない人のほうが多いのではないでしょうか。もちろん私も含めて。だからこそ、生きていくために最も大切なのは、先人の知恵だと思うのです。そして自ら物事を考える習慣があれば、あとはなんとか生きていけると思います。

貨幣経済という、人間が自ら生み出した便利な仕組みに、いつの日か人間が囚われ支配され始めてしまったのではないでしょうか。お金が一番、お金がないと何もできない、お金がないと不安。するといつの日か、お金をたくさん持っている人が偉い、物を作る人よりも買う人のほうが偉い、という歪んだ構造が生まれてしまったのではないでしょうか。そして極論を言うと、私たちはものを作る技術を持った人々が絶滅の危機に瀕するまで、買い求め、買い叩きつづけてきたのではないでしょうか。

もう一度自分自身の身の周りにあるものに感謝をし、作ってくれた人に感謝をし、一日でも長く使おうという心を、無理矢理ではなく、素直にそう思える気持ちが芽生えるような、素敵なものをしっかりと自分の手で選びとってください。

ここで本編に収録しきれなかった、幼稚園のときのエピソードをお話しようと思います。

幼少期の五感の体験と記憶

幼稚園で私が一番好きだったのは、陶芸の時間でした。園長先生の趣味で陶芸の時間があったのです。ひんやりとした土をこねこねして、自分の好きな形に造形していきます。土と、土の接着剤は水で溶かした土、どべ。どべをぬりぬりするのが大好きでした。なんとも言えない指先から伝わる、土と水が和えられた感触。自然の素材同士が惹かれ合って、くっつくというのは今考えてもかなり面白い現象だと思います。当時の私には不思議で不思議で仕方ありませんでした。中でも一番鮮明に覚えているのは、釉薬の魔法。

ある日、先生が二つの釉薬のうち、どちらか一つ好きな釉薬を選ばせてくれました。一つはとっても濃い色の釉薬、もう一つはとっても薄い色の釉薬。完成品の見本のうちの一つは、とっても深みのある夜の森のような色、もう一つは、朝の陽の光から、昼の陽の光に移り変わる瞬間の、湖の水面のような色。先生はどちらの釉薬がどちらかは教えてくれませんでした。私は、薄い色にしたいのだからと、薄い色の釉薬を選びました。

いよいよ完成品とご対面の日。私はとってもわくわくしていたのですが……、そこに現れたのは、夜の森のような色の器でした。「そんなぁ……」薄い色の釉薬が濃くなって、濃い色の釉薬が薄くなった。どうしてだか全然わかりませんでした。ちょっぴりがっかりはしたものの、釉薬の魔法に魅せられた素敵な体験でした。ものづくりに惹かれるのは、こんな五感の記憶も影響しているのかもしれないなぁと幼少期を振り返って感じました。

というお話です。今思うと、やはり幼少期に、ものづくりに触れていたのだなぁと思います。本人が覚えている、いないにかかわらず、幼少期の体験は人生に影響を与えている気がします。だからこそ、幼少期はやはり、かけがえのない大切な時間であり、この大切な時間に少しでも関わることができる「和える」の仕事は、とても楽しいですし、責任重大だと思っています。それだけやりがいのある仕事でもあり、次世代を担う子どもたちのために、一人の人間として自分に何が出来るか、日々考えながら、出来ることから実践していこうと思います。

最後に、今回の本を制作する機会をくださった、担当編集者の岩崎さんをご紹介させてください。岩崎さんからある日、ラブレターが届きました。TBS「夢の扉＋」を見て、私と「和える」の取り組みを知ってくださったそうです。半年ほど、お手紙やハガキを、ぽつり、ぽつりと、へたうまな字で徒然なるままに送ってきてくださった岩崎さんに、私は興味をもたざるを得ませんでした。なんて古風な人なのだろう。そして私はついに、愛着のある文字と、静かなる愛と情熱を感じる文章に惹かれ、岩崎さんとお会いしたいと思い、お電話したことから本書のプロジェクトがスタートしました。

岩崎さんの和える君への愛が、本書を生み出しました。岩崎さん、そして早川書房のみなさん、本当にどうもありがとうございました。


そして最後の最後に、お世話になったすべての方へ、ありがとうございます！

本書では一部の方のお名前しかご紹介できなかったのですが、ここにはとても書ききれない、本当にたくさんの方々にお世話になりました。そして、今もお世話になっています。

これからも精進いたしますので、温かく見守っていただけますと嬉しいです。

これからもまだまだ「和える」は成長していきます！

私も「和える」の成長に負けないように、これからも自分に素直にライフとワークを和えながら、生きていきたいと思います。

みなさんぜひ、aeru meguroに遊びに来てくださいね！

本書が少しでも、みなさんのお役に立てていることを願って。

　　　私の第二の故郷鯖江から、東京に戻る新幹線の中にて
　　　（こういう終わり方、一度やってみたかったんですよね。）
平成二六年六月二四日（二六歳まであと一カ月）

矢島里佳（やじまりか）
株式会社和える（aeru）代表取締役
1988年東京都目黒区生まれ。
2011年3月慶應義塾大学法学部政治学科卒業。2013年3月慶應義塾大学大学院政策・メディア研究科修士課程社会イノベータコース修了。
職人の技術と伝統の魅力に惹かれ、19歳の頃から日本の伝統文化・産業の情報発信の仕事を始める。「21世紀の子どもたちに、日本の伝統をつなげたい」という想いから、大学4年時の2011年3月、株式会社和えるを設立。幼少期から職人の手仕事に触れられる環境を創出すべく、子どもたちのための日用品を日本全国の職人と共につくる“0から6歳の伝統ブランドaeru”を2012年3月立ち上げる。職人とのつながりを活かしたオリジナル商品のプロデュース、講演会や雑誌・書籍の執筆など幅広く活動する。
「和える」の活動は、NHK総合「おはよう日本」、NHK Eテレ「Good Job！会社の星」、日本テレビ「NEWS ZERO」「スッキリ!!」、TBS「夢の扉＋」、フジテレビ「ニュースJAPAN」に取り上げられるなど、各種メディアで話題となっている。

和《あ》える―aeru―
伝統産業を子どもにつなぐ25歳女性起業家

2014年7月20日　初版印刷
2014年7月25日　初版発行

＊

著　者　矢《や》島《じま》里《り》佳《か》
発行者　早川　浩

＊

印刷所　三松堂株式会社
製本所　大口製本印刷株式会社

＊

発行所　株式会社　早川書房
東京都千代田区神田多町2−2
電話　03-3252-3111（大代表）
振替　00160-3-47799
http://www.hayakawa-online.co.jp
定価はカバーに表示してあります
ISBN978-4-15-209467-4　C0095